U0037992

我要準時下班！終結瞎忙的超時短術

仕事の「ムダ」が必ずなくなる超・時短術

越川慎司 著　林佩玟 譯

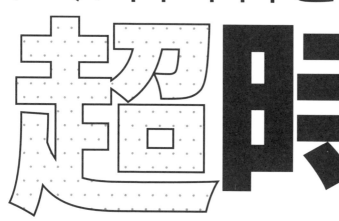

【推薦序】上班族的快樂解方

微軟消費通路事業群資深產品行銷協理 **白慧蘭**

你曾經幫自己算過時薪有多少嗎？

沒日沒夜的加班，拖著疲憊的身軀回家，匆匆洗個澡再打開電腦，繼續奮戰明天會議需要的簡報，精算過後的時薪可能比在速食店打工的大學生還少。

如何才能加薪？一般人的思維是投入更多時間工作，用苦勞向主管爭取加薪的機會。本書作者提出截然不同的觀點，他認為工作者應該要用更少時間工作，擺脫窮忙獲得自由後才能發揮創意，創造自我的價值。把時間投資在增強多元能力上，成為個人有限公司的老闆，提供市場稀缺的技能與服務，才是讓時薪增長的不二法門。

本書作者越川慎司曾是日本微軟 PowerPoint 事業部負責人，而我在台灣微軟負責營運消費事業通路的 Microsoft Office，作者在書中提倡可以大量節省工時的工作場景，例如遠距協作、網路會議等等，就是我工作的日常，讀起來格外地有代入感。

為了讓知識工作者學會運用科技工具，以提升工作效率，兩年前我成立了「工作生活家社群」，社群的宗旨與本書提倡的觀念不謀而合，企業的變動越來越劇烈，而人類的壽命卻愈來愈長，我們可能都必須面對屆齡無法退休的現實，當工作的時間在生命中的佔比不斷提高，工作者們必須要能用自己喜歡的方式持續的創造收入，讓工作就是好好生活。

很多人告訴自己對改變工作的現況無能為力，只能默默地忍受無聊的工作與無理的主管，期待企業或政府用規章或政策來解決問題。越川慎司認為個人才是改變工作方式的主角，減少做目前缺乏效率的事，生出時間來培養能夠讓自己產生工作價值感的能力，當工作中可以獲得認同、成就與自由，工作價值感油然而生，而工作者才能真正地從工作中感受到幸福與快樂。

工作中有哪些缺乏效率的事呢？作者調查了兩百二十一間公司，發現工作者的時間被三件事情浪費：公司內部會議（百分之四十三），準備資料（百分之十四），還有電子郵件（百分之十二），假設工時八小時，做這三件事情每天就要花掉五點五小時，當然非得要加班不可。想要取得時間的自主權，書中提供了一個經過客戶驗證的方法JITAN，讀完本書我已經躍躍欲試將邁向高效率工作的JITAN五步驟導入到團隊中。

或許你會認為開會、準備資料與郵件往返都是必要之惡，也都是受制於人，就算學到方法也於事無補。這樣也是一種不願為自己的生活負起責任，拒絕改變的逃避心態。只需要單純地，擁有不做的勇氣，找準優化的方向，一開始從小處改起，然後就是不斷的堅持。

讀完本書希望每一位讀者都能夠發現自己的工作價值，創造差異化的市場地位，主動出擊為個人有限公司媒合機會，新世代工作者是一群擁有多元能力的強者，我們不依賴公司，而是把公司做為提升自我價值的舞台，讓個人品牌與企業品牌互利循環，讓工作的每一天都充滿了幸福與快樂。

【推薦序】一場十六萬人的變革實驗，萃取出的時間管理術

職人簡報與商業思維專家　**劉奕酉**

猜猜看，一個小時的董事會議，需要花費多少時間準備？約莫七十到八十個小時，如果公司的員工數越多，這個準備時間會更久，這是作者走訪多家企業所得到的答案。

更別說公司每天都有大大小小的會議，會花費多少準備時間？

當然，這個數據未必代表所有的公司，但已足以突顯一個重要問題：我們可能花了太多時間在準備資料上。**事實上，公司內部會議、準備資料與收發郵件，就是占用職場工作者的三大要事**。如果我們希望藉由改變工作方式來提高生產力，就應該從這三件事開始！

作者帶領著團隊，展開了一場超大型工作方式改革行動。由五百二十八間企業、十六萬人參與，歷經近兩萬小時的實驗驗證，統計歸納並找出了時間管理的成

功關鍵因素，而這本書就是集大成的工作方式改革指南。

「藉由花費更少的工作時間，從壓力中釋放，並獲得更大的自由與更多的選擇。」

作者提出一套稱之為「超．時短術」的時間管理術，就是秉持著這樣的信念。他認為**比起縮短工作時間，能夠有效活用時間以產生成果更為重要**；沒有深入思考「為什麼」會發生長時間工作，而是想著「如何」減少加班，反而導致生產力下降。

歸根究柢，導致員工長時間工作的根本原因，其實是：方法、方向與方式的不對。

方法不對，做事沒有效率，自然需要更長的時間完成工作；方向不對，浪費時間在沒有意義的事情上，只是在瞎忙；方式不對，只會造成員工被動、缺乏活力，反而導致生產力下滑。

要解決超時工作的根本之道，就是用正確的方向、有效的方法與合適的方式，做好時間管理；具體來說，可以從時間的「效率管理」與「效能管理」兩方面來著手。

效率管理，是如何更快的完成一件任務，縮短時間的耗用；效能管理，則是如何將時間投入在更有價值的任務上，減少時間的浪費。一方面提升完成任務的速度，另一方面減少無效任務的投入，這就是「超・時短術」的真相。

說起來簡單，但做起來一點也不簡單；大多數人遇到的第一道難題，就是如何做才能提升速度？如何判斷什麼是無效的任務？書中就造成職場工作者瞎忙的三大要事：公司內部會議、資料準備與收發郵件，提出了有效的建議與行動指南。

全書包含四個部分：

一、實踐篇：從十六萬人的實驗結果，歸納出擺脫瞎忙三要事（內部會議、準備資料與收發郵件）的方法指南。

二、概念篇：從職場工作者的角度說明，如何了解自己、提升自己，懂得做好效率管理（提升速度、減少阻力）與效能管理（提升活力、減少浪費），進而創造更大價值。

三、警鐘篇：從企業經營者的角度說明，打造友善的工作環境、提升工作價值感，才是改變工作方式的根本之道。

四、學習篇：失敗為成功之母，不僅要向成功企業學習，更要向失敗企業借鏡。從職場工作者自身的改變，到企業經營者對組織的改變，更重要的是向成功企業學習、向失敗企業借鏡。縮短工時不是終點，真正的意義是將多出來的時間投資在更美好的未來。

這個時代要求我們用更短的時間，持續產出更多、更好的成果；但是一味地提升工作效率，提高產出的速度終究是有極限的。

「拋棄時間，時間也終將把你拋棄。」——莎士比亞

職場工作者該思考的，是如何將心力投注在重要的事情上，提高創造價值的能力。另一方面，企業經營者如果能提升員工的信賴感，減少溝通成本，也是一種省時；而增加工作價值感，能讓員工在工作時更有活力、進而提高生產力。

這本書，推薦給想要改變工作方式，善待工作時間、善待自己的你。

前言

大家是否想過「工作方式改革」根本就不可能成功？

企業基於政府的呼籲，喊出「請大家準時下班」，但另一方面卻和過去一樣，要求「更多的成果」，於是到處都可以聽到基層人員抱怨：「要是做得到，大家老早就做了……」

事實上，在調查五百二十八間日本企業之後，我們得知目前工作方式改革成功的公司其實只有百分之十二，但是媒體上卻充斥著漂亮的成功案例，於是公司上層下達指示「我們也照這種方式做吧」，卻沒有考慮過產業類型或公司狀況不同，只想勉強套用同一模式，導致基層越來越混亂……

可是，請大家再仔細想想，從以前到現在我們一定遇過各式各樣的問題，並一一應對解決，所以才有了現在的自己。沒錯，大家都是一路經歷「改革」走過來的，但我們依然覺得不安，是因為和以前比起來，這次的變化更劇烈，更難以找出應對方式。這時候最重要的是，不要被政府突然提出的「工作方式改革」動搖，而是保持彈性，配合變化做出改變行動。

可是我們公司的長官很古板，基層改革根本做夢……

如果找不到應對方式，就很容易幫自己找「做不到」的藉口，這是因為只要針對「自己無法控制的事情」抱怨，就可以逃避行動。逃避什麼樣的行動？其實就是逃避改變，為什麼要逃避改變？因為不知道好的改變方式，害怕失敗。

那麼，該怎麼做才好？我希望找出一個好方法，能夠不被社會上真假夾雜的眾多資訊所左右，讓大眾可以克服不安、實際起而行，於是我認為有必要來一場「大規模的行動實驗」，完成實驗之後再回顧檢討，就能得知某一項行動是成功或失敗，以及哪一項行動可以適用於多數組織，有利於進行改革。簡言之，這樣就可以找出**再現性高、生產力也高的「超．時短術（縮短時間之術）」**。

然而這樣的實驗伴隨著風險。比起優點，越大的組織越容易聚焦於缺點上，因此他們不會想獨自進行未知的實驗。於是我們決定先逐一蒐集未公開的工作方式改革的成功與失敗案例，拜訪認同我想法的人，聽取各公司採取的改革方式，並介紹其他公司的改革案例做為協助我們的回饋。最後有二十六間公司認同我的「行動實驗構想」，因此我得以顧問身分參與規劃工作方式改革，並主導行動實驗，而本書就是那些結果的集大成。

為什麼那些公司願意授權給我？

大概是因為我本身一直在實驗新的工作方式，週休三日、每週工時三十小時、斜槓、遠距工作……我並不只是紙上談兵，而是自己也在挑戰並實踐新的工作方式，因此對方才下定決心和我「一起試試看」。

即使是現在正實踐這種「自由的工作方式」的我，原本也是一畢業就進入國內大型通訊公司，習慣了每天做廣播體操做到第二段、在颱風直撲東京時花四個小時到公司上班的「昭和流」企業文化。之後我到外商公司上班，也在美國就職過，在世界各地飛來飛去工作，一年大概可以繞地球四圈。當我從裡到外看日本，不由得打從心底擔心起日本企業的「基層疲勞程度」。而我想要支援這個筋疲力盡的日本在接受「週休三日」的同時，又能獲得前所未有的成長。基於這樣的想法，於是我決定自行創業。

創業至今已經快要兩年，固定週休三日、每週工時三十小時，而且不只是我，分散於世界各地的三十八位夥伴也都遵循此原則，每個月的營業額與收入持續成長，我開始可以在假日騎自行車或是參加鐵人三項，也可以過著每天睡滿七個小時的健康生活。

我曾經有兩次因為精神上的疾病而無法工作。

回顧過去，我的人生就是一連串的挫折。我是異卵雙胞胎之一，因此身體虛弱，小學時常因交通意外或反覆生病而請假。高中入學考試失敗，大學重考了三次才勉強考上；也曾在對工作充滿熱忱時，突然罹患輕度憂鬱而無法上班。就連這樣的我都可以做出改變，各位也一定做得到。

擁有週休二日而且只要準時九點上班就可以拿到薪水、到了退休年紀後靠退休金和年金生活就好，抱持這種「過去常識」的人，大概不能理解我的工作方式吧。但是這個過去的常識可說是已經行不通了，企業的壽命越來越短，日本人的壽命卻越來越長，不覺得生活方式和工作方式隨著這樣的變化改變也是合情合理的嗎？話雖如此，人類畢竟是難以改變的生物，即使認為必須做點什麼，卻仍難以改變想法。

在改變想法之前要先改變行動。

我的公司不具知名度，若不提高生產力做出實績，就無法接到工作；沒有工作就沒辦法生活……我一直這樣逼自己，並做好覺悟斷絕後路，努力實現「終極的生產力」。我相信只要能傳授自己從中學到的心得與方法，就能拯救眾多企業。在努力實踐的過程中，客戶帶來新的客戶，實績帶來更多回頭客，隨著案例增加，複雜的問題也變多了，因此可以增加更深入的實驗及學習。

由二十六間公司、十六萬名員工共同參與行動實驗的這些案例，我有自信絕對是獨一無二的。本書彙整了用一點九萬個小時產出的**「可再現的超・時短術」**，其中的基礎來自於協助五百二十八間公司「工作方式改革」後獲得的數據與知識。從個人能力所及的事、藉由團隊努力可望得到成果的事，到希望各公司重新檢視積弊、加以改善的事項，這本書裡納入了許多「縮短現場工時」可以派上用場的資訊。我相信歷經辛苦從現場產出、未臻成熟的具體方案若能介紹給更多的人了解，一定可以達到樂此不疲、又能夠拿出成果的工作狀態，請選擇能夠活用於自身職場的內容，並且一定要實際起而行。

藉由花費更少的工作時間，從壓力中釋放，並獲得更大的自由與更多的選擇。

目錄 CONTENTS

推薦序：上班族的快樂解方……3
推薦序：一場十六萬人的變革實驗，萃取出的時間管理術……7
前言……11

~實踐篇~ 成功來自實驗

第1章／從十六萬人的挑戰中統整出效果立現的「JITAN術」……24

JITAN五個法則……24
占用商務人士時間的三大要事……25

「會議瘦身！」篇……27

停止花了長時間卻無法提升成果的會議……27
四大類型分類……28
用「A24B」決定哪些會議應該取消……30
嘴角上揚，成果也會跟著上揚……32
創新，來自四十五分鐘會議的「空檔時間」……35
與差異碰撞帶來價值……37

空白時間創造出新事業……39
禁止使用電腦後，想法接踵而來……40
一百日圓計時器的效果……41
培育會議引導者……42
開放協調時程……43
除了學習之外更要強制習慣的網路會議……46
網路會議成功關鍵：「語言化」及麥克風……48

「為郵件設立新規則！」篇……52

為CC制定規則以減少流通量……52
使用片假名及奇數提升點閱率……56
郵件內文控制在一〇五字以內……57
一個半小時確認一次新郵件……58
主管職應使用的「預約寄信」……60
工作能力優秀的員工會在週日晚上先行確認郵件……62
使用雲端附加檔案，每週省下搜尋檔案四十一分鐘……63
「兩分鐘後寄出」：避免搞錯收件者，失去對方的信任……67

不要再問：「你看過信了嗎？」……70
利用即時通訊軟體提升速度……71

「製作雙向接收的資料！」篇……73

不要端咖啡給想喝水的人……73
不是單向傳達，而是雙向接收……75
以「白色」控制視覺……77
利用手寫草稿縮短作業時間……78
縮短百分之二十的時間，提升百分之二十二的商談成功率……79
減少退件修改的「前饋」機制……81
利用多螢幕提升效率……82

「移動也要縮短時間！」篇……84

善用 Google Map 的所有功能……84
建立共同工作空間清單……86
專欄—「極簡主義者越川」的包包裡有什麼？……88

第2章／「內圈工作坊」，讓百分之六十八的行動扎根……93

沒有自省就沒有成長……93
什麼是內圈工作坊……94
十五分鐘的回顧檢討，巨幅提升生產力……101
透過DCACA節省百分之五的時間……103
活用「不想被瞧不起」的心理……104
專欄—利用番茄工作法避免半途而廢……106

～概念篇～

第3章／提高自我價值，為自己加薪……109

該如何了解自己、提升自己
你的時薪是多少？……109
透過本質思考將心力投注在重要的事情上……111
利用「周哈里窗」了解自己……112
差距產生價值……113
信賴感會為自己加薪……115
學習如何具有韌性（復原能力）……118

具備真正的多樣性……119
專欄—理想的工作模式在丹麥……122

第4章／無法下定決心採取行動該怎麼辦？……129

為什麼改變這麼難？……129
偏重眼前而看輕未來……131
不知道食譜就不下廚……132
將行動的目的從「要成功」改為「做實驗」……133
將小小的成功經驗持續下去……134

第5章／未來的工作模式……137

不再有人提出工作方式改革……137
工作價值感本身就是報酬……138
不同性質間新的結合產生創新……140
在世界的任何角落都可以工作……142
利用時差二十四小時運作……144

不再有公司內及公司外的區隔……145
基層的能力成為優勢……146
共享情感的必要性……147
超越ＥＱ的ＪＱ……148
「個人有限公司」：你是否可以行銷自己？……150
未來薪水會提升的職業種類：設計師、資源整合者……151
資源整合者團隊的工作方式……155
專欄──線上秘書可以縮短百分之二十的工作時間……158

第6章／各位經營者，現在正是應該改變的時機……161

～警鐘篇～經營者、主管更需要改變

週休三日又能提升員工薪資與業績，這才是幸福之道……161
工作方式改革邁向第二階段……166
不可以用減少加班便宜行事……168
世上沒有散散步就能抵達富士山頂這種事……170
調查與案例的陷阱……171

不要相信會在半夜寄郵件的顧問……174
想法不可能馬上改變……175
赫茲伯格激勵保健理論……176

～學習篇～從失敗的企業與成功的企業身上學習

第7章／百分之八十八的失敗企業……178

友善的工作環境與工作價值感的差異……180
強迫縮短工時，降低工作動力與營業額……182
咖啡廳人潮洶湧，文件忘了帶走……183
相信只要好好管理員工，工作就能順利進行……184
引進最新的ＡＩ，反而要加班……186
導致失敗的三大原因……192
專欄—性善論或性惡論：與其報告聯絡商量，不如聊天和討論……196

第8章／百分之十二的成功企業……198

成功企業都在做的五件事……198

1 質量並重……198

2 專注於利而非弊……199

3 將員工視為經營資源……200

4 將工作方式改革納入經營策略的一環……200

5 作好失敗為成功之母的心理準備……201

專欄—建議：經營管理階層更應該接受改革……203

專欄—推動我前進的十句話……213

結語……222

第1章 從十六萬人的挑戰中統整出效果立現的「JITAN術」

接下來我要介紹由二十六間公司、共十六萬人一同實踐的「縮短時間實驗」—做法。雖然經歷各式各樣的抗拒、失敗和辛勞，但最終得以往好的方向修正、並提出成果的這套「超・時短術」（時間管理術），是根據「JITAN」的五項法則來執行。

JITAN五個法則

Justification　做該做的事，做正確的事

Identification inventory　先從盤點無效的工作開始

Time-based outcome　確實檢驗成果是否與花費的時間相符

Assessment　鉅細靡遺地回顧與評價

No exception　徹底執行，沒有例外

邁向「時短」的 JITAN 五大步驟	
Justification	做該做的事，做正確的事
Identification	盤點無效的工作
Time-based outcome	與時間相應的成果
Assessment	回顧與評價
No exception	沒有例外

以正確的步驟毫無例外地執行該做的事，然後正確檢驗並連結到最後的成果上，徹底執行這些法則才是關鍵。接下來我會具體說明該怎麼執行、實驗中有哪些學習成果。

占用商務人士時間的三大要事

想要減重的減肥人士會站在體重計上，確認應該減少的脂肪量。縮減工作時數也是相同的道理，在思考該如何縮減時間之前，應該先停下腳步思考時間為什麼被浪費掉了。

首先我們調查了之前有往來的兩百二十一間公司，結果每一間公司都出現類似的情況，有百分之七十八的企業前三名都

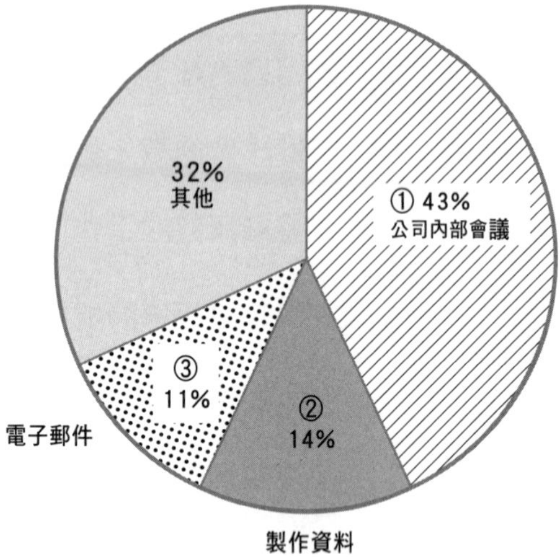

員工的時間如何被奪走

一樣。第一名是「公司內部會議」，占百分之四十三，第二名是「製作資料」，占百分之十四，第三名是「收發郵件」，占百分之十一。公司內部會議實際上就耗費了工作時間的百分之四十三，而與客戶見面的時間則涵蓋在百分之三十二的「其他」之中。雖然調查對象多數為大型企業，其中包含了人事或會計等管理部門，但即使如此，會議時間還是太多了。

縮減現在花費在商務上的時間，將多出來的時間轉為投資未來，這才是正確的工作方式改革。一起來甩掉「瞎忙 TOP 3」吧！

停止花了長時間卻無法提升成果的會議

公司內部會議占工作時間的比例平均為：大型企業（員工一千人以上）百分之四十五、中小型企業（員工未滿一千人）百分之二十二。雖然根據產業類型及職務種類而有所不同，不過大型企業員工的平均年收入大約在七百萬日圓，簡單計算的話，相當於耗費了每人每年三百萬日圓以上的人事費在公司內部會議中，如果這個會議能夠帶來生意（＝獲利）也就罷了，若非如此便是一大浪費。我們實際以問卷詢問兩百二十一間公司後，回答「我們公司的開會狀況不太好」的公司多達百分之七十五，很遺憾的，這代表花了時間卻沒有得到成效。

我們在行動實驗上設定了「兩個月內減少百分之八的會議時間」的量化目標，同時也打出了「改變會議氣氛」的質化目標。雖然質化目標看似有些模糊不明確，但是減少沒有意義的會議、有效率地召開有意義的會議，會議的氣氛就會改變，也更容易解決會議原本的目標問題。量（效率）與質（效果）的改善互為表裡，應該以此作為前進的目標。

四大類型分類

首先將會議分類，具體而言橫軸可以分為「重視效率」或「重視效果」；縱軸則分為由特定人士向與會者發表的「單向」型，或是彼此討論意見的「對話」型，將公司內部會議劃分成四個種類。

具體可以整理成以下類型：

①提出企劃或想法
②教育、啟蒙、提升工作動力
③做出決策
④共享資訊

雖然將會議分門別類可以提高效率和效果，但**最具效果的是決定哪些會議不用開**，進入會議室以後才在問「今天要談什麼？」的會議讓人無言以對，應該馬上結束。沒有目的的會議不管開幾場都提不出成果，重要的是根據目的決定該不該開

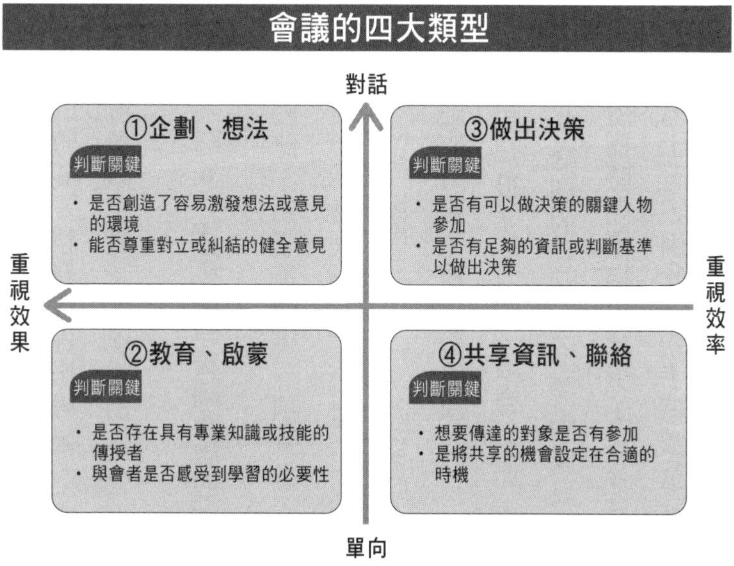

圖：將會議整理成四大類型

會，如果不在某個地方暫停下來思考，過去的壞習慣就會一直扯後腿。

經過十八間公司、一萬七千個小時之後的調查結果，能夠達成目標、提出成果的會議具備以下三項要素：

①有明確的目的

②事前已分發準備完善的議程（討論題目）

③必要人員有參加會議

雖然是很理所當然的事，但只要欠缺其中一項要素，會議的成功率就會降到百分之四十以下，而三項要素全部具備的會議，成功率則可提升至百分之八十七。就算只看這項調查，也能夠明白事前的基本設計有多麼必要，不具備這三項要素的會議，即使花費了與會者的時間，也難以提出成果，因此是需要進行「縮短時間」的對象，不過也有一些狀況很難直截了當地說出：「這是沒用的會議」。

用「A24B」決定哪些會議應該取消

因此，為了貫徹這三項要素，我們制定了一項守則：「未於二十四小時前將議程分發給與會人員，該會議禁止召開」，取名為「A24B守則（**A**genda **24**hours **B**efore the meeting）」，之後於十八間公司實施這項規定，並在公司內張貼載明此規則的海報，務求徹底執行。

起初很多人以「這會增加主辦人員的準備作業」為由而反對，未遵守此A24B守則的會議也多達兩成以上，但試辦兩個月之後，與會者的滿意度提升，會議所需時間平均也減少了百分之十二。在議程中明確記載的會議目的達成率有百分之七十五，因此達到了縮減量（時間）並提高質（成果）的目標。

在以二十二間公司與會人員為對象的調查結果中發現，當大家理解了願景和策略，執行戰術的意願就會提高（百分之三十五）；當自身的存在或活動獲得認可時，動機也會提升（百分之四十六）。主導者提出明確的方針，有意識地提升團隊整體動機的會議，才是「應該召開的會議」。

我們再次縮減經過分類的會議。

最應該獲得改善的是「資訊共享會議」。召集十人以上、每個人分別發表一週報告，這種「常見的會議」實在無法稱為高效率的會議。讓與會者確認刊登在網路上的資訊，或者只是為了確認營業目標達成率而召開的會議，都應該立即停止。如果會議目的只是為了共享資訊，利用「Chatwork」、「Teams」或「Slack」等IT工具就可以取代。

有時候為了傳達熱情或鼓勵而當面進行指導是必要的，但這項儀式並不需要每週固定時間舉行；而「教育、啟蒙會議」也需要重新整理、審視，如果是偏重於提問的類型，就採面對面的方式，如果是以確認為主，就可以活用IT工具。

在替「做出決策的會議」瘦身時，最重要的部分在於選擇成員。例如特定成員參與的決策會議中，有沒有習慣性地找「沒有權限的人」出席？是否沒有明確區分「需要廣納眾人意見的會議」，以及「需要做出決策的會議」，就不清不楚地開了好幾次會？

「做出決策的會議」一定要**先決定好做決策的方式**再參加，例如是採多數決，還是由上位者決定？是以實現的可能性決定，還是以投資報酬率決定？如果不這樣先決定好做決策的方式，就會反覆出現「太在意與會者的臉色因而無法做成決策的會議」，然後再為了做各種準備而不斷增加次要會議。因此請各位重新檢視這類會議。

嘴角上揚，成果也會跟著上揚

和成果（銷售量、收益）最有關聯的就是「企劃、想法的會議」，能在會議中找出富創造力的想法與有效的解決對策非常重要。擁有不同見解的成員能夠安心自在地提出彼此的意見相當重要，也就是說必須有「想法的加乘」（以他人的想法借力使力，想出其他相關的點子），因此採面對面的方式召開。而會議引導（場面管理）也變得重要，影響著這個「企劃、想法的會議」能夠分配到多少時間、能

嘴角上揚活動
（兩個星期）
讓會議時間 －8%

大型媒體公司於 2018 年 7 月實施

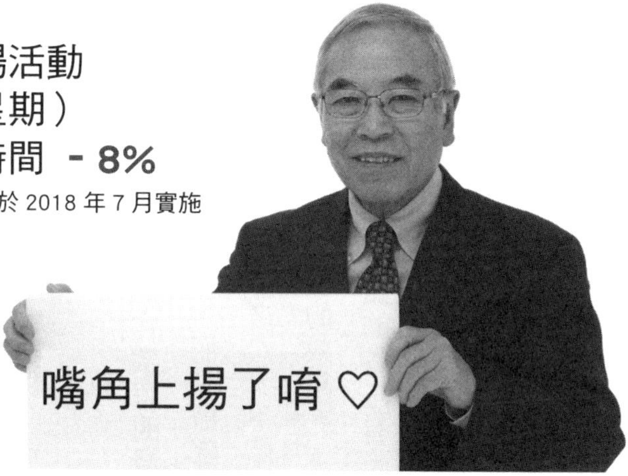

夠「自由提出多少想法」。有必要決定好適當的與會者人數，讓所有人都能發言，並創造能夠自由發表意見的氛圍。與會者最好混雜不同年齡層、性別、職務的人，才能期待有更多的點子產生。

在企劃會議中與會者的「表情」也極為重要，經常皺著眉頭或臭著一張臉的人，請有意識地放鬆自己的表情，這個指令與其說是要帶著笑容，不如說是上揚嘴角。

我們實際在兩家從事製造業及媒體業的公司實施了兩個星期的上揚嘴角活動，特別是讓年長男性必須揚起嘴角、帶著笑容參加會議。剛引進這個活動時，管理階層強烈反對，我們甚至被叫到小房間訓了超過一個小時。於是我們約好試辦兩個星期，如果沒有成效就不再繼續，他們這才不情不願地實施。

事後，我們以匿名的方式向與會者做了問卷調查，回收率百分之八十六，其中回答「有效」的與會者有百分之九十二，「希望以後繼續下去」的人也有百分之七十八。

最顯著的成果是會議時間減少了。這項活動的目的在於達到讓與會者激發出更多想法的改善成果，而試辦部門的會議時間，比實施活動前的一個月，以及前一年同月份減少了百分之八。不僅消除了「凝重沉悶的氣氛」讓會議充滿活力，也帶來會議進行速度變快的效果。

與本項活動有關的員工有一百八十人，若以平均年收入及平均加班時間為基準計算，這兩個星期的成效相當於節省了四百萬日圓的費用，一旦嘴角上揚，成果也跟著提升了。

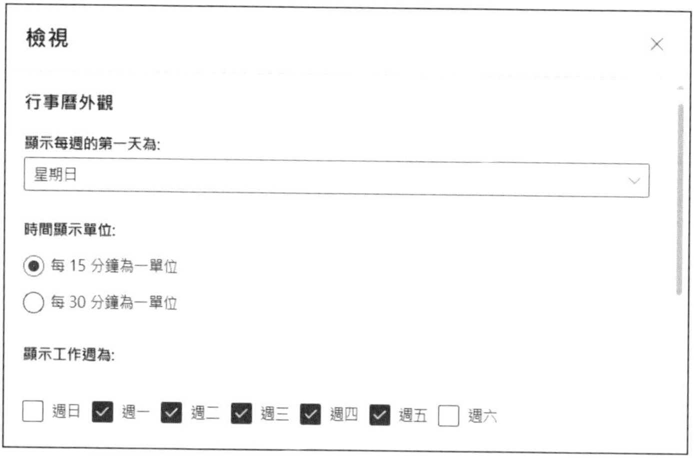

在 Office 365 的行事曆中將預設值改為 15 分鐘的方式如下：
設定→檢視→行事曆外觀→時間顯示單位→「每 15 分鐘為一單位」

創新，來自四十五分鐘會議的「空檔時間」

分析各公司的會議後，有九成以上的企業將會議時間的預設值（原始設定）訂為六十分鐘。大型公司平均會拖延三分鐘才開始舉行會議，這是因為沒有考慮到這場會議與下一場會議的會議室有一段距離，移動需要時間，而在行事曆上塞滿了一場又一場六十分鐘的會議。即使會議提早在六十分鐘內結束，也會拖拖拉拉地浪費時間，直到會議預定的結束時間。

因此我們將二十一間公司的會議時間預設值改為四十五分鐘，Outlook 等行事曆應用程式原本是以三十分鐘為單位，也跟著改成十五分鐘為單位。

藉由這個方式，可以帶來三項效果。第一是會議依照預定時間開始的機率提高至原本的六倍；第二，大家意識到要在短時間內結束會議，因此事前準備更確實，會事先寄送重要事項，並在會議通知郵件中提醒「請先行閱讀附件資料第三到五頁後再出席會議」。

而最具成效的是，從多出來的十五分鐘產生創新。當會議結束，離開會議室時的「現在有時間嗎？」這種輕鬆的討論正是創新的源頭。

我們追蹤了十四間公司發想出新事業的地點之後，得出了以下結果。

第一名　會議室周邊（會議前後站著談話時）

第二名　開放空間

第三名　食堂、員工餐廳

第四名　會議室

沒錯，比起待在會議室中，在會議開始前或在開放空間站著輕鬆討論，就結果來看，這樣更能產生成果。

與差異碰撞帶來價值

同一個團隊的成員平常就能面對面交談，但不同部門的人大概只有在開會時才說得到話，又不能在傳統死板的會議開到一半時，隨意說出：「我想和你談一下。」於是我們可以想到這樣的場景：把光靠自己部門無法解決的問題或是新企劃，拿到會議後短暫的「空檔時間」討論。

從有形的物質消費轉變為無形的體驗消費，客戶需求變得複雜且難以看清之下，越來越難單靠著一人或一個部門解決問題。不是所有的會議都應該被消滅，而是召集擁有不同見解的成員，加乘彼此的想法解決客戶的困擾，並且增加成員的幹勁，這就是「應該召開的會議」。獨特的想法不會從死板的會議，或是古板上司針對微小缺點大肆批評的會議中產生，而是誕生在為了解決複雜的問題而集合起來的成員，彼此輕鬆的對談裡。這已經在「十五分鐘的空檔時間」中實現了。順帶一提，從董事會議中發想出的新事業只有整體的百分之十八。

另外，調查了那個想法成為新事業「起點」的人之後，發現多為業務人員，或是客服等直接面對客戶的部門承辦人，而非商品企劃或開發新事業的專責人員。不僅如此，我們實際詢問某個想法的提案人，他說他習慣把在咖啡廳或是閱讀等放鬆時間想到的東西寫下來，而這些筆記中剛好包含了一個好點子。他並不是一個會靈光一閃的天才，而是遇到疑問或課題時會想東想西的筆記魔人。

我們從這種反推回去的調查中發現，**比起想法的質，更應該重視想法的量，從日常的繁忙中稍微抽離，在空檔時間放鬆思考似乎不失為一個好方法**。因此我們向十二間公司提議「每週設置三十分鐘的空檔時間（緩衝時間）」，請他們確保所有目標員工的行事曆都留下緩衝時間。只是單純壓縮工作並不是「縮短時間」，有效活用時間以產生成果更為重要。

許多人在突然獲得「自由時間」時，一開始會感到困惑甚至反彈，但漸漸就習慣了。雖然難以驗證為銷售量帶來貢獻的想法是否誕生於這段時間，但在實施約半年後，員工的滿意度（工作價值感）提升了。我很期待好點子源源不絕的出現。

空白時間創造出新事業

在這個為期兩個月、以十二間公司七千名員工為對象，強制設定空白時間的實驗中，實施前採否定態度的員工有百分之五十七，但實際體驗後的滿意度為百分之八十六，回答不滿意者只有百分之八。其中回答滿意的員工裡，有七成以上表示之後也會自行設定空白時間。此外，令人高興的是，有兩個在空白時間裡不經意想到的點子，日後不但成為新的服務提供給客戶，其中一個點子更成為月營業額超過一千萬日圓的服務，變成公司賺錢的產品之一（因為簽了保密協議所以無法公開實際名稱，真是令人不甘心）。

大家都知道牛頓坐在椅子上發呆時發現了萬有引力的定律，能夠發揮創造力產生新想法的，是不受固有觀念阻撓、單純空白的時間，成功的企業便會將這樣的時間融入在組織中。

過去 Google 實施的「百分之二十規則」也是有名的案例。這項規則公開於二〇〇四年，引導所有員工將工作時間的百分之二十用於思考新的事業，一般認為

Gmail 以及 Google 地圖就是基於這項百分之二十規則誕生的。

禁止使用電腦後，想法接踵而來

在我們於十八間公司進行二十四項新事業開發專案的相關調查後發現，做出成果的專案中有百分之九十二都是由不同背景的與會者「提出各種想法」，之後成型實現。這個提出各種想法的過程就是「腦力激盪」，不必在意要選擇採用哪一個點子，而是一個彼此互相提出想法的會議。

在腦力激盪時，與會者必須輕鬆且不帶任何意圖，如果不這麼做，一旦想到了日常業務，就會瞬間被拉回現實，要是開始打起字，創造性思考就會停止了。平常習慣帶著筆電迅速完成會議筆記的人，建議在**參加腦力激盪時「禁止使用電腦」**。

請大家務必重視想法的量，在開會時利用空白紙張、便條紙、筆或白板，盡可能提出想法。會議引導者（場面管理者）不要催促與會者「提出好的點子」，而應鼓勵「請盡量提出想法，什麼樣的想法都好」，想法的量越多，就結果而言，其中包含好點子的可能性就越高。

在腦力激盪時，最麻煩的就是不知道清不清楚「不否定任何想法」這項基本規則、老是插嘴的上司。明知會導致腦力激盪停滯不前，卻又不能斷然無視他……想要避免這種情況，不需要打斷對方，**在會議開始便開宗明義「向所有人」宣布基本規則**才是重點。寫在白板上的想法則要完整拍照記錄。

一百日圓計時器的效果

經過調查，二十六間公司中回答「多數會議無法在表定時間內結束」的員工多達六成以上。即使事前已決定好目標，但只要有反覆發表相同內容的與會者，或是不提出自己的想法、只是不斷批評的上司，就沒辦法在表定時間內結束。尤其是有權力者一旦發話，大家就會揣測上意而沒有人去阻止，時間就白白流逝了……能夠在這種時候發揮功效的，就是生活百貨店販賣的計時器。

主辦者在會議開始時將計時器設定在**「結束前的十分鐘」，時間一到，就用剩下的時間確認產出（達成的目標），並決定下一步行動**。我們在十一間公司引進計時器之後，其中九間公司超過七成的員工回答「會議終於可以在表定時間結束」。只是一百日圓的投資就能讓會議在表定時間結束的話，投資報酬率很高呢。

培育會議引導者

從先前的內容可以看出，掌控會議時間和會議氣氛對於同時達到縮短時間與改善品質相當重要，而我們也介紹了利用計時器和Ａ24Ｂ守則來執行。當然，這兩種方式只是基本設計的部分，想要順利運用這些方式，就需要有會議引導的能力。在目前我們所接觸超過五百間的公司中，有明確賦予員工會議引導者角色（職務）的公司只有十二間，即使有百分之七十八以上的企業認為「會議的進展」是個問題，卻只有百分之九的企業學習如何「會議引導」。

會議引導者即是擔任場面管理者，不僅要管理時間，也要掌控會議室的氣氛，好讓在場人員能輕鬆提出意見。如果討論偏離主題，就要設法讓討論回到原本的目標；當討論陷入停滯，就要引導出其他與會者的意見；有時還要妙語如珠，幫場面炒熱；還得活用白板、確認會議紀錄的狀況，以及掌握會議的動態。因為會議引導者需要從事這麼多任務，所以分別任命主辦者與主持人，才能讓會議進行得比較順暢。不需要所有的員工都成為會議引導者，但至少一開始**從團隊中挑選一人、一個課派出一人**密集接受訓練，之後再橫向往其他成員推展會比較有效果。

某個製造業的客戶，以減少會議時間、增加成果的「會議革命」為目標，要求各部門一定要推派一人參加「會議引導講座」，之後也持續追蹤，與會者的滿意度和參加講座前相比，提升了百分之四十三。但是部長級的主管希望回復到過去「昭和式」的會議進行方式，在講座結束三個月後，漸漸看到一些會議回復到以往的方式。因此我們和管理階層商量，強制部長級和以上的經理級參加會議引導講座，讓「會議革命」一口氣往前推進，與會者的滿意度也提升至百分之六十五以上。我們重新認識到，要將裁量權交給基層人員，需要管理階層的理解與行動。

開放協調時程

調整會議時程不僅耗時也耗神，即使透過內部網路共享員工的行事曆，還是會有人沒輸入正確行程，實在很麻煩。如果有人在時程確定之後因為「已經安排其他會議了」等原因要求再做調整，被浪費掉的時間就越積越多。**奪走他人的時間，**

就是妨礙團隊減少時間。請大家一定要填入並公開自己的預定行程，即使還不確定行程的詳細內容，但只要知道該時段是否是空的（已預定／未預定），效率就會提升。

遇到需要和公司外部人員協調時程的情況，像是預約拜訪或是面試求職者等，通常會提出兩三個彼此可以的時段，萬一還是對不上，就再提出兩三個時段……像這樣的信件往來應該很多吧，利用電子郵件就會產生等待時間，容易因為遲遲沒有進展而浪費時間。

如果行程表的預約狀況可以向公司外部公開，那調整起來就很簡單，若不能公開，就利用應用程式或服務有效率地調整行程吧。

如果平常使用 Google 日曆的話，利用「biskett」調整時程就很方便。登入 biskett 之後，會產生用來調整會面、午餐、晚餐時間的 URL 網址，可以利用電子郵件、Facebook 或 LINE 傳送給對方。對方只要在備選時程中選擇方便的時間，行程就會自動帶入自己的 Google 日曆中，完成調整。

如果公司使用「Office 365」，推薦使用手機版的「Outlook Mobile」或是電腦版的「Outlook on the Web」，在撰寫郵件時，就可以一邊確認自己的預定行程，

圖：biskett 輕鬆調整時程 https://biskett.me/

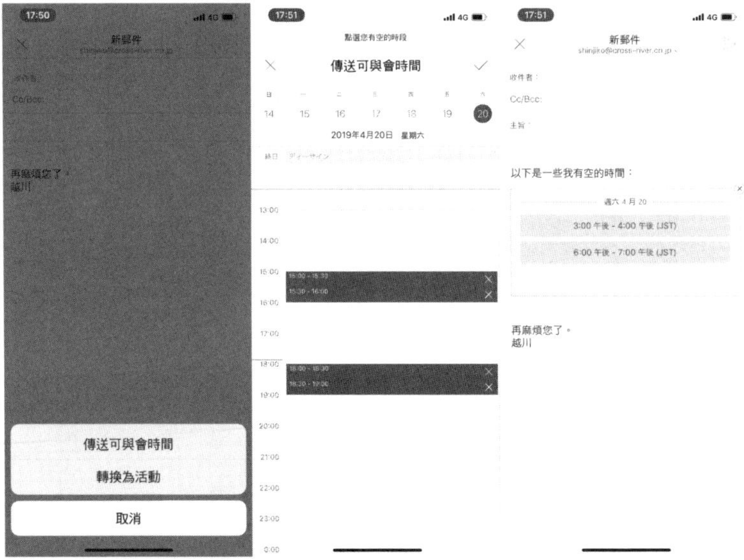

透過 Outlook Mobile「傳送方便的時程」方法
左起：
①從「建立新訊息」開始，點選左下的「行事曆符號」，選擇「傳送方便的時程」。
②從自己的預定表中選擇每三十分鐘有空的時間。
③在信件中列出方便的時間。

輕鬆製作備選時程表。

見面後，最快的協調行程方式，就是看著彼此的行事曆當場決定。大家同時作業的話，就不會產生等待時間，**千萬別小看非數位化的方式**。

除了學習之外更要強制習慣的網路會議

為了與海外或外縣市據點聯絡，五百二十八間公司中有百分之六十以上引進了視訊會議系統，但有百分之六十八以上的公司表示「沒有在用」或是「不太常用」。視訊會議系統多數都設置在特定的會議室中，使用頻率就容易低落；或是經營階層一旦說過「大家見面談比較好」這類的話，會議系統就只能放著長灰塵了。

在這樣的情況下，透過個人電腦、平板及智慧型手機連接網路參加的「網路會議」服務便因為簡單方便而普及化。只要有數千日圓的麥克風或攝影機，無論身在何處都可以參加會議。通常是依照使用量或使用人數收費，不會造成不必要的資產浪費，不僅可用於和遠方的據點開會，也可以廣泛應用於向客戶提案、求職者的面試，或是舉辦全公司參加的座談會等。

不過要普及至所有員工需要時間，如果還有過去面對面的實體會議可以選擇，大家容易選「已經用慣的方式」，不少人會帶著「網路會議很困難」的偏見，提高自身接受度的門檻。

某間顧問公司的資訊系統部門，要求分散在都內的成員以網路會議的形式召開定期會議，但三個月後又回復成實體會議。即使現場員工的生產力提升，對使用的方便性也相當滿意，但是上司因為一次的使用不順，便獨排眾議：「還是用回原本的會議形式吧」，而回到了原本的做法。

因此我們在二十四間客戶設定了**「強制網路會議週」**，要求包含社長及董事在內的所有人，將特定期間內所有公司會議都規定只能使用網路會議。而規則是不論在哪裡參加都可以，包括在家裡的女性、外出途中待在星巴克的業務、在公司會議室的課長，或是待在出差地飯店的部長，都這樣強制要求他們體驗。有個客戶則是由社長以網路會議的方式舉行了線上朝會，從全國各地參加的員工們臉上都掛著笑容。

一開始在資訊系統部門的協助下舉辦說明會、製作使用手冊花了一些時間，但從結果來看，第一次使用網路會議的人滿意度達到七成以上，回答「還想繼續使用」的人則有六成。令人驚訝的是，隨著使用次數增加，滿意度與再次使用的意願也越來越高，正可謂「除了學習之外更要強制習慣」。當初感到抗拒的董事也開始向客戶建議：「網路會議很方便喔，一定要使用看看」，因此我認為讓經營階層一起親身參與，創造「體驗學習的機會」，對於改變公司整體行動及意識相當重要。我們請使用者挪出時間回顧，得到了「下次想以這種方式使用看看」的回饋，證明成員的想法與思考已經改變了。

網路會議成功關鍵：「語言化」及麥克風

對於習慣聚在一起面對面開會、觀察會議氣氛及與會者臉色發言的人來說，網路會議也許很難適應，但在必須縮減工時又要增加每年銷售量的情勢下，不得不改變過去全員集合的開會方式以提升效率。

不過，要是在還不習慣網路會議時遇到使用上的問題，失敗經驗就會一直留在腦中，因而恢復當面開會是常有的事。因此接下來要介紹透過二十四間公司的網路會議推廣專案發現的常見問題及解決方式。

①「看不見」的解決方式

當主辦者身在會議室，而與會者從自家或是外出地點參加遠距會議時，因為看不見會議室的狀況及會議資料，容易發生難以加入討論的問題。

首先，必須事前將資料發給所有的與會者，接著，會議進行時發言者的內容要盡量具體，例如「這顆蘋果吃起來很方便」這句話，如果沒有看見實物，就不知道它的大小或色澤，變成只能依靠每個人自行想像，而可能產生認知的落差。如果不知道究竟是因為蘋果小顆所以吃起來方便，還是皮已經削好了所以吃起來方便，就沒有辦法往下正確地討論。

因此網路會議的發言者要**盡可能地轉化為具體的語言描述**。如果是針對「這顆蘋果吃起來方便但卻賣不好」討論，就要轉化為「這顆在便利商店分切販售的一百日圓蘋果銷路並不好」的方式描述，這樣討論就可以順暢進行。

此外，在說明會議資料或設計時，請利用網路會議服務的「雷射筆功能」，具體指出現在正在說明哪一個部分；如果是利用會議室白板討論的話，就以鏡頭讓遠距與會者也能看到目前在進行什麼討論。也許這些方式看起來很麻煩，但只要這樣處理，就算是臨時加入的與會者也能夠一起討論，可以有效率地運用移動時間，投資報酬率很高。在針對客戶做的調查中，我們得到如果前五次沒有出現問題的話，持續使用的可能性就會提高三倍以上的結果。

②「聽不見」的解決方式

「○○有聽到嗎？什麼？有聽到嗎？有嗎？……」如果遇到多次這樣的經驗，就會想「不用這個系統了」。聽不見聲音通常是網路會議服務的設定或通訊線路不穩所引起的，但也有個意想不到的原因是「機器」，麥克風如果偵測不到聲音，就沒辦法將聲音數據傳送給與會者，因此需要可以確實檢測聲音的硬體。電腦或智慧型手機內建的麥克風品質不太好，所以**建議大家準備各網路會議服務公司推薦的機器**。

我經常從會議室、家中或是飯店參加會議，所以用的是「森海塞爾USB耳機麥克風 SP 20 ML」，這是微軟認可的耳機麥克風，可以插 USB 或麥克風接頭，範圍涵蓋三百六十度全方位，收音良好，因此聲音可以清楚傳達給對方。

③「吵雜」的解決方式

「汪汪、叮咚」，開會時常見的就是噪音和雜音。網路會議經常是在家中或外出地點參加，因此時常能聽見生活雜音，像是狗的吠叫聲、宅急便送達時的門鈴聲、咖啡廳的背景音樂等，這些會降低開會注意力的噪音和雜音就是我們極力想控制的部分。

網路會議服務可以設定靜音（mute）功能，建議主持人**以靜音設定功能控制會議**，如果有某個人多次傳出雜音，就將那個人設為靜音，只在對方發言時解除；或是基本上就將所有人都設定為靜音，只有發言者透過聊天室舉手時才解除靜音。請先在會議開始時決定規則，以順暢進行。

「為郵件設立新規則！」篇

各位是否每天都被收信、回信追著跑？根據時間有點久以前的統計，十年之間電子郵件的通訊量已經躍升四倍之多。經過調查超過五百間公司的結果，發現事實上有多達百分之八十四的企業在處理郵件上勞心勞力，而每一天的工作量之中，有百分之十二是花在處理郵件上。要是被大量的資料拖著走，埋首於年年增加的郵件中而忽略了重要資訊，或是在搜尋資訊上耗費時間等，生產力就會大幅衰落。郵件處理也只是達成目的的方法之一，所以快速有效率地處理吧。

為ＣＣ制定規則以減少流通量

透過對二十二間客戶的調查，我們追溯出郵件的流量（流通量）增加的原因，雖然訂閱的電子報或廣告確實有增加，但影響最大的其實是「ＣＣ（Carbon Copy＝副本）」。

將相關人員或上司前輩等「似乎有必要的人」放入ＣＣ欄中，隨著信件往來，

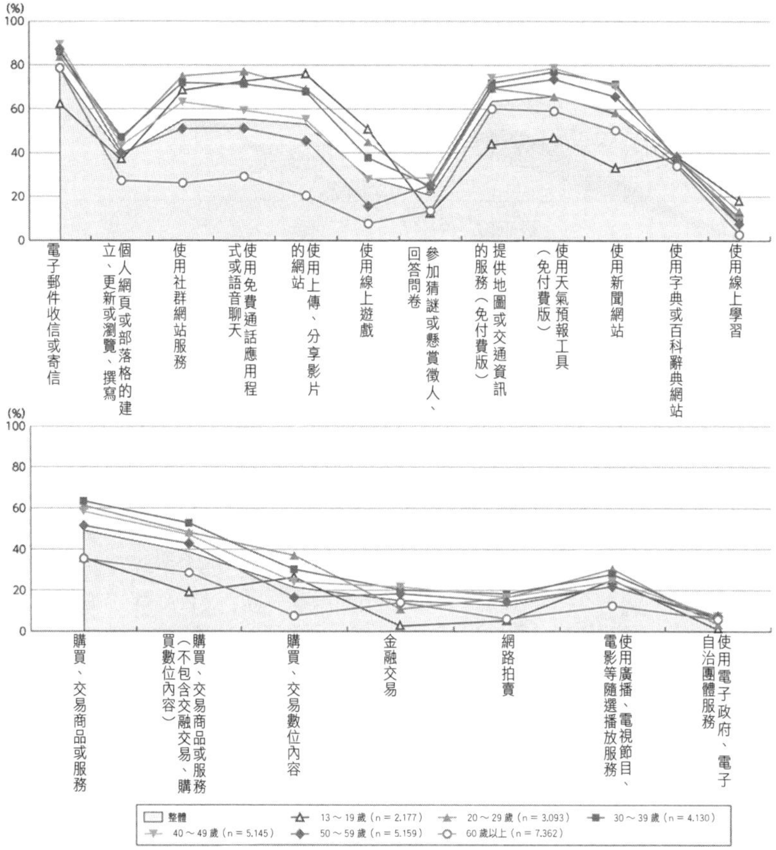

以年齡階層劃分使用網路的目的及用途（可複選）

（圖表：使用網路的目的以「電子郵件收信或寄信」最多）

http://www.soumu.go.jp/johotsusintokei/whitepaper/ja/h30/html/nd252120.html

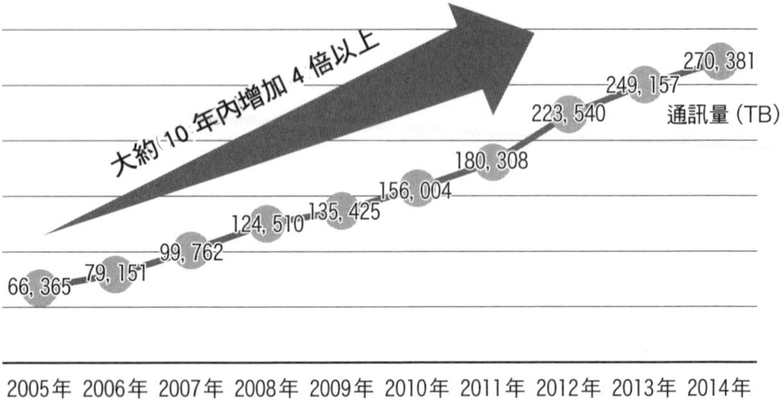

電子郵件的通訊量變化（摘自日本總務省資通訊白皮書 平成 27 年版）

不僅ＣＣ的人數越來越多，流量及收信量也會越來越多，結果從郵件程式中無法判斷這些信件究竟是寄給自己的，還是參考資訊的ＣＣ郵件，只好全部看過一輪，待確認的郵件數也就越積越多。

根據調查二十六間公司的結果，將管理者（尤其是第一線管理者的課長層級）加入ＣＣ的情況最多，但經過詢問管理階層，回答「只想知道信件往來最後結果」的人有百分之三十五，而回答「希望可以確實區分非看不可的信，以及不是這類型的信」的人則占百分之六十三。

看到這裡，可以得出「應該停止不必要的ＣＣ」的結論，但是即使向員工傳達這個「應該論」卻沒辦法落實，因為什麼是必要、什麼是不必要的，最後還是交由員工個人判斷，我再一次認知到，**定性式的指令無法讓對方產生具體行動**。

因此，我們在各客戶的實驗中，為CC及信件標題制定了明確的規則。首先不從公司整體的規則開始，而是由每一個部門自行決定，之後再一步一步地建立公司的通則。

例如：

- 對於會對達成業務目標產生百分之五以上影響的重要案件變化，將課長加入CC，並在標題開頭加上「有異」。
- 如果是要廣泛分享同業競爭資訊等參考資料，就在標題加上「情報」，並CC給各課的代表即可。
- 制定「在郵件往來中如需中途追加CC人員，須開宗明義將原因寫在郵件開頭」等規則。

實施上述規則兩個月後，有效的部分各課繼續使用，並列入公司整體通則的討論事項中。實際上，經過十四間公司、八萬人徹底遵循CC與標題規則化後，平均每一個人的郵件收件數減少百分之二十以上，管理階層、董事階層的收件數減少百分之二十八以上，且並沒有因為使用這套規則，而增加了會議或被上司叫去詢問的情況，並沒有對工作帶來負面影響。

使用片假名及奇數提升點閱率

經過由微軟的「MyAnalytics」及行銷分析工具分析流通於十六間客戶七千人之間的七千四百八十六封郵件，以及寄給顧客的兩千八百六十四封行銷郵件之後，我們找出了高點閱率郵件的特徵。

那就是**標題文字數在三十五個字以內，且包含數字（尤其是奇數）及片假名的郵件**。標題三十五個字看似很長，但即使長了點，只要內含能夠引發興趣的關鍵字，對方就會點閱內文。不過想要在短時間內拿出成果的話，寫信時間最好短一點，且直接告訴對方重點也比較好，所以還是建議使用短一點的標題。

總的來說，點閱率良好的郵件，標題內含了片假名及數字，而比起偶數，奇數的點閱率又更高。我們詢問郵件使用者後得出，帶有數字的標題感覺比較具體，而奇數又更具簡潔明瞭的印象，就像「三大特徵」、「五分鐘完成說明」、「成功的七大條件」這類的標題暗示了某些具體內容。另外比起全部使用平假名，加入漢字會更容易閱讀，同樣地標題若含有片假名，該片假名會成為亮點，而容易受到關注。相較於「關於明天會議的議程」，「明天會議的Agenda（アジェンダ）」因為加入片假名的標題較容易辨識，且容易留在視線中，因此比起筆畫數多的漢字排列，更能吸引目光、產生較好的反應。

郵件內文控制在一〇五字以內

郵件內文一旦超過一〇五字，就有閱讀率下降的傾向，且收件者偏好能在一〇五字裡聚焦於重要事項、簡潔交代的郵件。不過大家實際寫看看就知道，一〇五字其實相當短，所以建議建立一些規則，像是公司內部郵件捨棄冗長的所屬部門屬名，或是省略「感謝您一直以來的關照」、「辛苦了」之類的客套話，盡量將結論放到開頭，具體寫下希望對方採取的行動，有效率地將資訊傳送到對方的腦中。

即使不得已要寫一封長信，從調查中得知，利用開頭的一〇五字簡潔交代，

郵件文字數（縱軸）　郵件點閱率（橫軸）

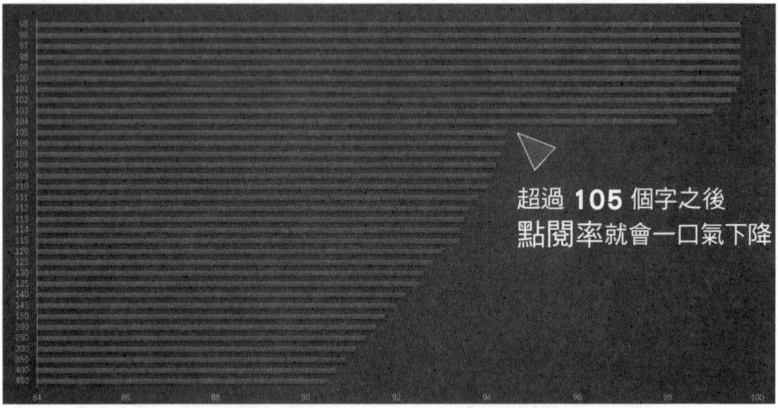

利用 Microsoft MyAnalytics 及行銷自動化工具確認郵件的點閱率

註明「詳細情形請參閱以下內容」，再透過後續說明的郵件寫作方式，也可以獲得良好的閱讀率。

溝通本來就不是「寫給對方看」，「讓對方看進去」才是目的，若一封信沒有被點開，就無法達到「讓對方看進去」。如果能明白配合對方濃縮重要事項、整理成簡單明瞭的內容有多容易讓對方看進去，就能夠更確切體認花時間撰寫冗長的郵件有多麼徒勞無功了吧。

一個半小時確認一次新郵件

因為智慧型手機及雲端服務的普及，人們開始可以隨時隨地確認新郵件，這也是郵件流量增加的原因。事實上各位的周遭就有總是在確認新郵件，或是開會中也一直在看手機郵件畫面的人吧？有時候立刻回信當然可以馬上解決問題，但也有很多人，是在未經判斷是否需要推開其他重要工作立刻回信的情況之下，反射性地在意郵件。

因此我們請六間客戶共八千五百五十三人協助，實驗在什麼樣的頻率下確認新郵件才會既有效率又有效果。首先我們得知在平常工作時間中，「一個小時確認新郵件三次以上」的人多達百分之六十五。

所以我們將所有人分成按照平常習慣確認郵件的A組、「一個小時確認一次新郵件」的B組、「一個半小時確認一次新郵件」的C組，以及「兩個小時確認一次新郵件」的D組共四組，請他們進行為時兩個星期的行動。為了不受淡旺週影響，所以時間訂在一個月的第二和第三週，且無國定假日的星期，並請不同職種進行實驗。

實驗後，我們向所有參加者做了問卷，回答滿意度最高且效果最好的，是C組「一個半小時確認一次新郵件」。

在開放式回答中，

「沒想到長時間不收信也不會怎樣。」

「我終於明白之前都是郵件引來了其他郵件。」

「緊急性高且重要的事項（就算不回信）對方會打電話過來，所以不會有問題。」

「很多說是很重要的郵件，後來才發現根本不重要。」

「我現在知道情緒性的郵件先放著不管才是解決之道。」

這類正向意見相當引人矚目。雖然我不認為所有企業、所有職業都適合「一點五小時守則」，但重要的是**決定不要看郵件的時間**，好將精力放在重要事項，或是不讓不必要的郵件冒出來。

主管職應使用的「預約寄信」

在所謂的「工作方式改革」中，比以往更加重視身為中階管理職的主管如何掌舵。既要縮減工作時間，又要像過去一樣達成目標，可以想像工作會集中在主管身上，而不得不在六日處理平常累積的工作。

這麼一來，主管在週末下達工作指示的機會也會變多，也就是會增加「假日寄出的郵件」。寄信方趁著休息的時候寄出信件會有一種成就感，所以心情很輕鬆；但對下屬來說，卻會變成「假日收到信之後就會轉換成工作模式，沒辦法放鬆休息」的情況……向二十八間公司十六萬人進行的調查也是，討厭上司在假日寄信的員工有百分之二十以上。

因此我們在三間客戶中實施了「管理職禁止於假日寄信」為期兩個月，在之後的調查中，下屬的滿意度雖提升了一定的量，但管理職的滿意度卻下降了。陸續有「就現實層面，要在星期一處理所有事情太困難了」、「想要趁著假日先將工作處理到某種程度」的聲音出現。

於是我們讓管理職落實「預約寄信」，這是即使在假日寫好郵件，信件也會到星期一才寄出的功能。使用 Office 365 Outlook 的管理職開始利用延遲或排定電子郵件訊息的功能，在特定日期和時間寄信。後來下屬和管理職的滿意度都提升了。

在被要求更短的時間內創造更多成果的情況下，除了考量自己的狀況，也必須考量對方狀況再採取行動。管理職、領導者應該避免寄出彷彿在要求用額外時間工作的信件。

Gmail也在日本推出「排程寄信」的功能了，過去必須透過Chrome的擴充功能或其他程式才能使用，現在只需要Gmail就可以實現。Google也發表了使用者「寫下的內容後續由AI（人工智慧）幫忙接著寫的功能」（日語版目前還未開放），令人期待進一步的發展。

當然不用說的是，最大的前提就是需要有讓管理職不在非工作時間工作的對策。

工作能力優秀的員工會在週日晚上先行確認郵件

我們在十八間客戶之中，向各公司人事評價前百分之五的員工三千一百四十二人進行調查及訪談，找出共同的行動及思考模式，並出現了八十項以上具特色的回答，例如重視成就感、週五晚間會感受到工作價值感，或是每兩個星期回顧一次工作，並應用在接下來的行動上。

其中，我們確認了前百分之五的員工如何處理郵件，歸納出幾個特徵，像是會規定自己不看郵件的時間、郵件內容簡短、比起郵件更喜歡使用即時通訊、回信迅速等。

另外我們發現，他們相對比較少在非工作時間工作，只會在週日晚上確認郵件。「百分之五員工們」了解事前的準備會對之後的成果帶來很大的影響，因此很重視準備，他們想要從週一就充滿幹勁地開始一個星期，所以在**週日晚上確認**週五晚上至週末之間收到的信件，並決定**週一的行動計畫**。他們也明白週日晚上回信可能會對他人帶來不好的影響，因此不會回信，只是先了解狀況，隔天早上再全力以赴。如果週末期間發生問題，或是有什麼急事，他們會在週一提早進公司，以避免事態擴大。

當然我並不鼓勵假日工作，不過週日夜晚花個數分鐘確認郵件，做好週一的準備，就結果而言，如果可以減少之後時間的浪費，這樣的時間投資報酬率也是滿高的吧。

使用雲端附加檔案，每週省下搜尋檔案四十一分鐘

在信件裡附加試算表或是簡報檔不僅占用對方信箱的容量，也會在尋找資料

您要如何共用此檔案?
以 OneDrive - 個人 連結共用
收件者可查看最新的變更，並即時共同作業。
附加為複本
收件者可取得一份供檢閱用的複本。

Outlook 的雲端硬碟附加檔案

時不斷剝奪對方的時間。大家應該都很有經驗，附件檔案的版本不停在改變，根本搞不清楚哪一個才是最新檔案，如果是「v1(Version 1)、v2、v3」還算好的，萬一是「semi-final→semi-final 2→final→final 2」，簡直就是黑色幽默，為了蒐尋這類附件檔案，二十二間公司的十二萬人平均每週要花上長達四十一分鐘的時間。

因此我們讓他們落實以雲端硬碟夾帶附件，不但減少搜尋時間，且更容易進行共同作業，還能夠防止附加檔案時產生失誤造成問題。這項功能並不是在郵件中實際附加該檔案，而是將檔案儲存在OneDrive、Dropbox、Google Drive 等雲端服務中，將該檔案編輯權限的URL網址共享。只要連結到該網址，就可以隨時察看最新的檔案，也可以進行編輯，檔案的製作者也能夠確認編輯歷程，因此即使不小心出現編輯錯誤也可以復原。使用 OneDrive 搭配 Outlook 的話就能夠很簡單地共享 URL 網址。

另外，從二〇〇七版開始，Word 的「復原鍵入」按鍵可以回復一百次步驟，PowerPoint 的原始設定只能回復二十次，但只要從〔PowerPoint 選項〕＞〔進階〕＞〔編輯選項〕進入，將〔最多復原次數〕更改為一百（最多可以設定到一百五十），挽回意外的範圍就變大了。

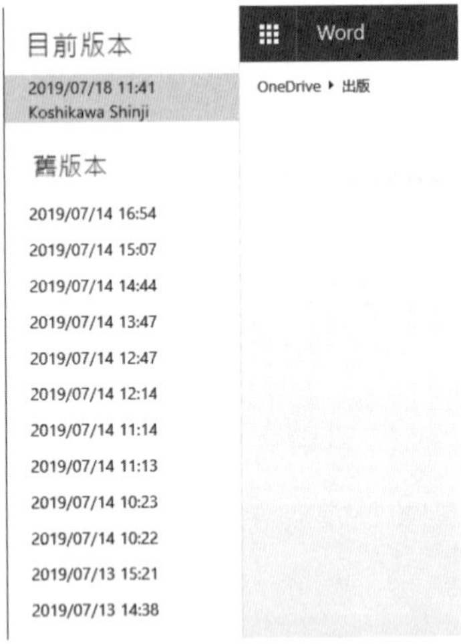

將檔案儲存在雲端，不但可以確認版本歷程記錄，也可以回復為指定版本

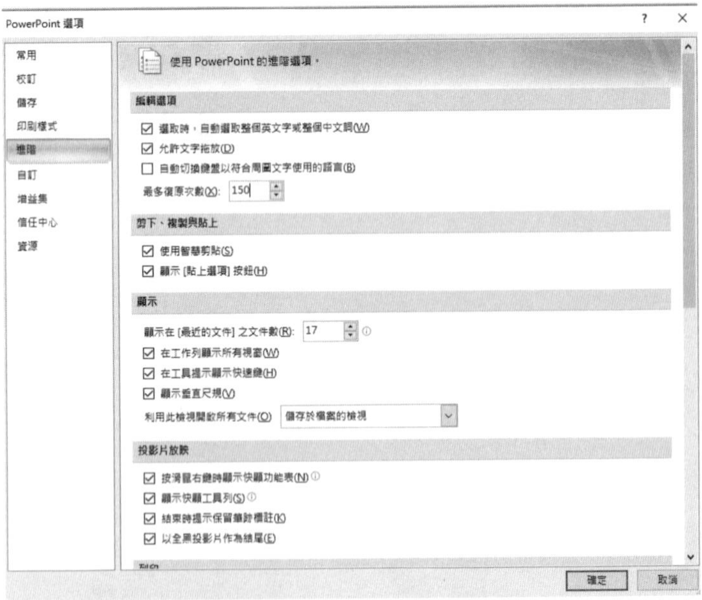

PowerPoint 可以變更設定至最多 150 次的「復原鍵入」

「兩分鐘後寄出」：避免搞錯收件者，失去對方的信任

某間客戶（IT企業）將顧客資訊統整至公司本身的通訊錄中，只要在收件者欄位輸入第一個字，就會自動列出候選郵件地址。這是依照郵件收寄信的頻率或歷史記錄產出候選選項的「自動填入功能」，可惜的是這個功能無法判斷該郵件是屬於公司內部或公司外部，所以可能出現輸入「sato」之後，出來的不是公司的佐藤，而是重要顧客佐藤常務的情況。就算平常再怎麼注意，在加班精神不濟時就會經常出現寄錯信的意外，我一年也會收到兩三次在晚上八點之後寄錯的信。一部分也是為了解決這樣的風險，於是我廢除公司內部郵件，改為推動商務即時通訊軟體。

另外，為了減少寄錯信，建議大家設定兩分鐘之後再寄出的功能。如果郵件軟體是使用Outlook，只要建立規則，就可以設定為「兩分鐘後寄出」。有一些客戶會設定為「一分鐘後」，但「兩分鐘後」防止寄錯信的機率比較高，對於工作又不會有特殊影響，因此每個客戶我都如此推薦。

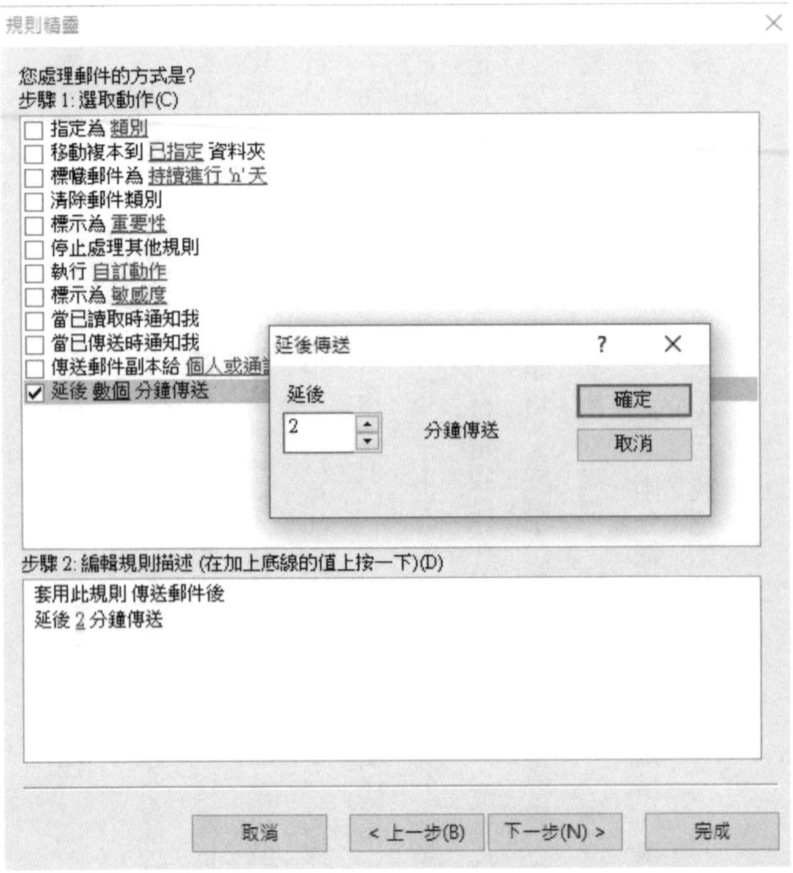
規則精靈
您處理郵件的方式是?
步驟 1: 選取動作(C)
指定為 類別
移動複本到 已指定 資料夾
標幟郵件為 持續進行 'n' 天
清除郵件類別
標示為 重要性
停止處理其他規則
執行 自訂動作
標示為 敏感度
當已讀取時通知我
當已傳送時通知我
傳送郵件副本給 個人或通
延後 數個 分鐘傳送
延後傳送
延後
2
分鐘傳送
確定
取消
步驟 2: 編輯規則描述 (在加上底線的值上按一下)(D)
套用此規則 傳送郵件後
延後 2 分鐘傳送
取消
< 上一步(B)
下一步(N) >
完成

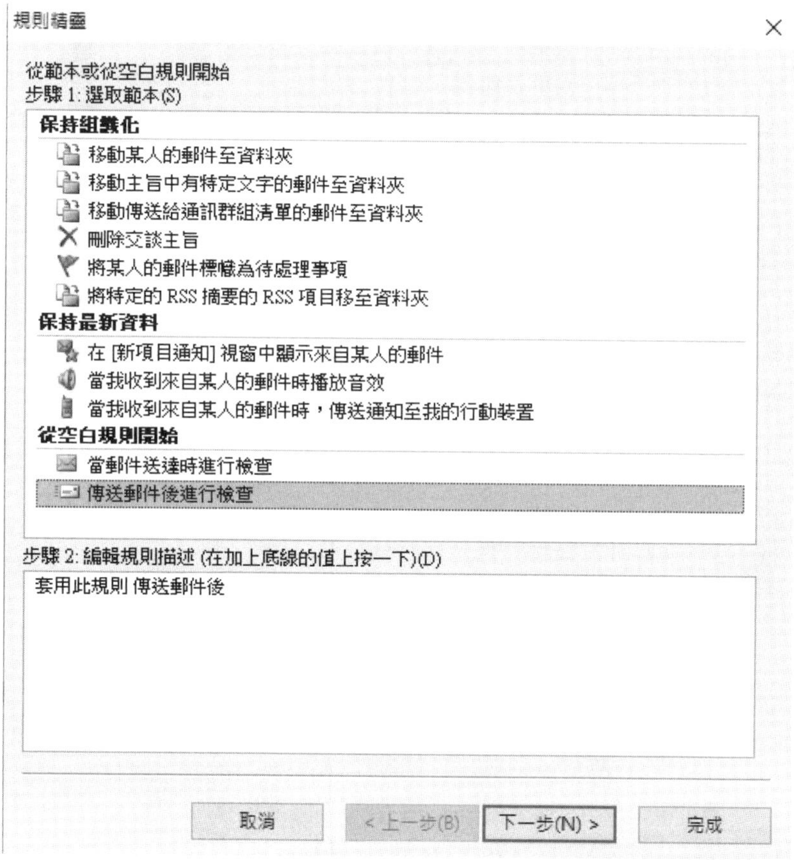

〈在 Outlook 設定「2 分鐘後寄出」〉
從「工具」→「規則及通知」中點選「新增規則」。
在「從空白規則開始」選擇「傳送郵件後進行檢查」之後按「下一步」。
「步驟 1：選取條件」不用選取任何條件直接按「下一步」。
在「步驟 1：選取動作」中點選「延後數個分鐘傳送」，在步驟 2 輸入延後的時間「2」之後按「確定」完成。

不要再問：「你看過信了嗎？」

世界上最沒用的郵件就是「你看過信了嗎？」這種郵件。先不開玩笑了，郵件的弱點就在於非同步，意即在對方回應之前會產生等待時間。另外，持續打電話給不在位子上的人也很沒效率，為了確實和對方取得聯繫，保持上緊發條的速度做事，我推薦使用即時通訊軟體，專門提供公司行號使用的商務即時通訊軟體可以取得紀錄檔（對話歷程），能夠搭配公司內的目錄（通訊錄）或各式各樣的應用程式使用，因此用起來安心又順手。

其中最方便的就是狀態（上線狀態），如果想要聯絡的對象剛好在線上的話，就可以利用即時通訊軟體馬上攔下對方，尋求回應；若是狀態顯示為休假中，那就不要打電話也不要寄信，等對方上班時再聯絡。這種確認狀態之後再進行聯絡的方式也會讓對方感到愉快，因為下班後或是休假時不會再出現緊急性低的聯絡；另一方面也不會錯過緊急性及重要性高的訊息，可以馬上回應處理，而且訊息也可以刪除，即使傳錯內容或出現錯字也可以挽救。

而能夠最有效達到縮短時間的方式，是縮短輸入訊息所需的時間以及減少群組聯絡。如果是即時通訊軟體就不需要使用正式文體，也不需要說明所屬部門或是季節性問候語，因此可以從簡短的「你現在有空嗎？」開始對話。除此之外，只要群組訊息比郵件少，且重要郵件改為刊登在公司內部入口網站，就不會產生像郵件這麼大的流量（流通量）了。在我擔任二十八間公司的顧問時，有二十六間公司引進了商務即時通訊軟體，引進後的兩個月郵件流量減少了百分之二十五，處理郵件或即時通訊的時間減少了百分之十八。因為是看準了對方的狀態選擇最佳方式進行交流，因此聯絡上對方的可能性提升，輸入訊息的時間以及看訊息的時間都減少了。能夠提高品質同時減少數量的商務即時通訊應該會成為企業的必備工具。

利用即時通訊軟體提升速度

在脫離工作的私生活中，我們的交流工具從電話轉變成電子郵件，進入社群網路時代，不僅是限定對象的一對一交流，一對N（多數）的群組交流也很方便，因此社群網路的使用率也越來越高。

即使是商務方面，也常常需要拉進多數成員，進行確實又有效率的交流，因此商務即時通訊在這方面也是個好用的工具。即時通訊不僅能傳送文字，還可以使用視訊電話、交換檔案、共同製作資料，或是管理專案，是其一大優勢。

然而企業內部經常會出現反抗勢力，他們被「寄電子郵件比較輕鬆」、「要確認那麼多個工具很麻煩」、「有急事打電話就好了」等固有想法束縛，主張其中的缺點，無法脫離已經用慣的既有方式，但是如果不接受新的挑戰，就無法應對變化，成為溫水中烹煮的青蛙。

因此我在二十六間客戶中推動普及商務通訊軟體的計畫，但是當初進行得並不太順利，因為舊的溝通工具如果還留著，就無法轉移到新的工具上。二十年前我在通訊公司擔任網路服務營業員時，曾經到處提議「讓員工擁有自己的電子郵件帳號，並印在名片上的話，和顧客往來聯絡會更有效率」，但是有大約四分之一的客戶表示「我們公司有傳真機就夠了」而拒絕。我想也許更早以前，傳真機的營業員前去銷售時，也曾被說過「我們公司有電話就夠了」吧。

「改變行動，改變想法」是我的態度，因此我請各家客戶進行實驗，在一定的期間內（設定一個星期或半天等適當的期間），禁止使用公司內部郵件，一切只能透過商務通訊軟體。實驗開始前雖然有許多員工抱怨，但隨著時間經過，認為「沒想到還不錯」的聲音增加了。本公司基本上也是禁止使用公司內部郵件，而是利用 Chatwork 等工具。

根據商務即時通訊軟體的大公司 Slack Japan 的調查，在引進即時通訊軟體的一千六百二十九間公司中，平均可以減少百分之四十九的公司內部郵件，會議也平均減少了百分之二十五，而生產力則平均提升了百分之三十二。商務即時通訊軟體和網路會議一樣，除了學習之外更要強制變成習慣。

「製作雙向接收的資料！」篇

不要端咖啡給想喝水的人

在我協助超過十六萬人進行工作方式改革的過程中，曾經看過又精細又花俏的資料，越是那種「越川先生，這份資料很厲害吧」帶著得意獻給我看的資料，越是需要花費數個小時製作。其中也有很多人知道我是 PowerPoint 商務版的前負責人，因此希望我認同他們辛苦製作的資料。

但是，與他們的期待相反，我是這麼回答的。

「這份資料能夠打動他人嗎？專案會因此有進展嗎？不能釐清這幾點，我就沒辦法判斷厲不厲害。」

雖然是非常無情的反應，但是站在指導「正確減少時間」的立場來看，我必須冷靜判斷花費的時間是否得到相應的成果，這是因為簡報資料經常變調成以製作為目的，而這正是長時間工作的溫床。

製作資料不過是一種手段，我們應該著眼的目標是透過資料，**讓對方產生共鳴，進而誘發對方採取我們想要的行動**。例如公司內部會議就是達成共識或者做出決策，對於顧客則是彼此理解或是完成合約簽訂才是目的，因此若不是為了達成目的而製作的資料，再怎麼花費時間也沒有意義。

如果花在製作資料的時間越多成果就越大，那只要不停製作精細的資料就好了，但事情卻不是如此，千萬不能一味埋首於簡報檔中，而忘了閱讀資料的對象。

目標意向

不要端咖啡給想喝水的人

受眾	決定方式	數字	競爭比較	資訊量
經營者	情感派	↑非常喜歡	↑喜歡	少一點好
董事	↑理論派			
部長				
課長				
承辦人		不擅長		
開發工程師	情感派	喜歡數據		↓多一點好

這個道理和端熱咖啡給酷暑中想要喝冰水的人一樣，必須充分理解對方想要什麼、我們做什麼對方才會如我們所願行動之後才去製作資料。

圖表是我們訪談八百二十六位決策者之後得到的各屬性偏好，必須先意識到他人外顯的個人偏好，再進行內化作成資料。

不是單向傳達，而是雙向接收

我們從各客戶中蒐集了五萬張以上的簡報投影片，進行有關字數、顏色、有無圖案等的模板分析，並且為了了解**為什麼閱讀者會被打動**，而向各公司共八百二十八位決策者（掌握五十萬日圓以上預算的有權者）進行面對面訪談及網路問卷調查，請他們比較數個簡報資料的模板（A／B測試），以及提供影響自己做決策的資料，利用AI分析這些結果，統整出**打動人心的資料特徵**。資料本身的內容當然也很重要，但就算只看設計的特徵，對於製作資料也非常有幫助。多數決策者的意見如下：

- 「簡單易懂的資料比較好。閱讀者不需要花費精力理解、不會感到疲勞的資料。」
- 「文字密度太高就讓人不想看了。」
- 「說重點的資料。」

當然，最能引起共鳴的資料當屬「聚焦在對閱讀者而言是重要事項的資料」。

根據調查結果得出的「打動人心資料」的基本模板為**一張投影片的字數不超過一〇五字，顏色則在三種以內**。

具體特徵為：

- 一張投影片一項訊息
- 列出希望對方採取的具體行動
- 有總結的投影片

●每五張投影片就插入一張圖片或影片

很多人容易將簡報做成「單向傳達」的資料，因為希望在有限的時間內盡可能傳達更多的內容，投影片的字數必然需要越多越好，結果就以毫無根據、只是自我滿足的版面設計，做出了精細雜燴的資料……請大家將目標放在「雙向接收」的資料，而不是單向傳達的資料。

以「白色」控制視覺

人會透過五感將資訊吸收進大腦之中，從以前就有一種說法是，如果想讓對方長久而且鮮明記住，透過視覺灌輸資訊會是最有效的方式（出處：《產業教育機器系統手冊》〔暫譯〕，一九七二年），因此我希望資料也是有意識地考量對方的視覺效果，引導對方注意到你希望他接收的部分。如果是先前說到的分析結果「一張投影片不超過一〇五字，三種顏色以內」，就能夠順利進入對方的腦中，但具體而言，該選擇什麼樣的顏色才好呢？

在我們調查的結果中，令人意外的，紅色的文字無法引導對方，而且因為飽和度過高反而不易閱讀，容易被避開；黃色和橘色也經常用作重點色，但如果投影片中這些顏色的占比過高，會因為太刺眼無法集中視線，導致重點不突出。

經過驗證，最能夠誘導視覺的竟然是「白色」。在你希望對方接收的資訊**周圍增加留白，或是在黑色背景使用白色的字**，帶給對方衝擊的效果最好。

我們做了個實驗，不直接修正現有超過一〇五字的資料，而是截取資料中重要的文字，做成別張投影片，以「黑色背景白色文字」強調之後，結果讓對方留下了強烈的印象。以白色文字傳達結論，詳細內容再記載於下一張投影片，用這種方式引導之後，對方便確實接收到了我們希望他接收的內容。

首先**讓對方看到我們想要他接收的結論，之後再將視線移往詳細說明上**，只要腦中牢記這項規則，就可以減少煩惱該怎麼設計版面的時間，而將那些時間用於仔細思考什麼內容最重要。

利用手寫草稿縮短作業時間

在打算製作資料時，很多人會馬上打開 PowerPoint，這種方式是將腦袋裡想到的內容直接倒在投影片上，只不過 PowerPoint 有各式各樣的功能，很容易就會做得很花俏，另外也會為了貼合文字或圖形，將心力放在動手而非動腦上。

因此，在打開 PowerPoint 之前，建議先以手寫的方式寫下大綱。以手寫的方式經過大腦整理之後，再用 PowerPoint 製作資料，就結果而言可以提高效率。你會開始想整個資料編排，為什麼要做這份資料？怎麼樣才能讓對方按照我方的想法去做？怎麼靠十張投影片傳達到對方的內心……在電腦或智慧型手機上工作容易讓「思考的大腦」停止運作，因此建議先打草稿寫下所有的想法。為了轉換心情，到附近咖啡廳或圖書館等可以讓腦袋煥然一新的地方思考資料編排也不失為一個好方法喔。

縮短百分之二十的時間，提升百分之二十二的商談成功率

我們請八間 IT 企業以及顧問公司共四千五百人，實際根據「一〇五字、白色文字、從手寫草稿開始」這個規則更新現有的提案資料再向顧客簡報。經過兩個月的實踐，即使是相同的資料內容，商業合作的成功率竟提升了百分之二十二。

事前準備

- 一開始先不要用 PowerPoint →大腦容易停止思考
- 先在 word 或是手寫記下想法，建構整體概念→製作 PPT

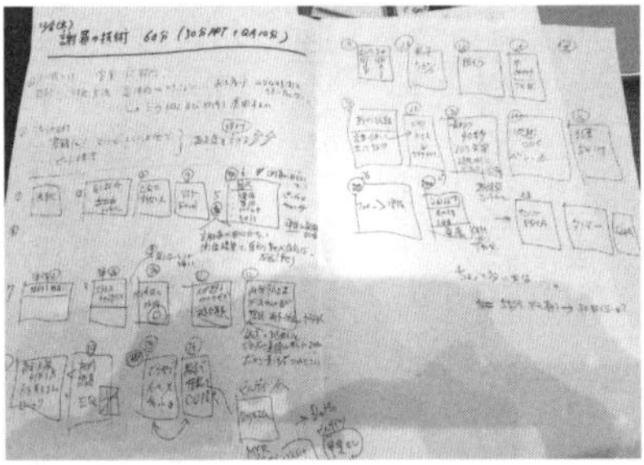

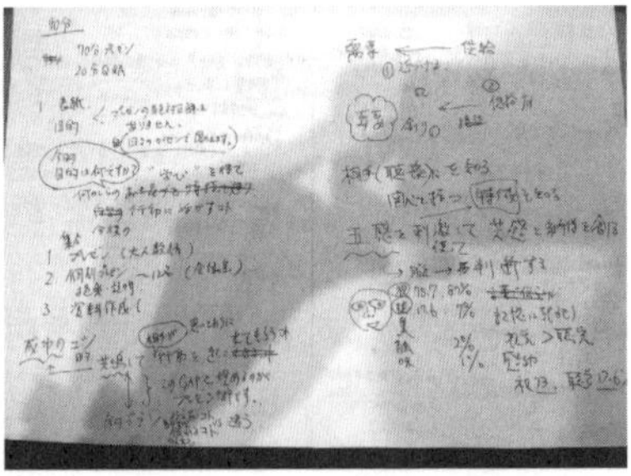

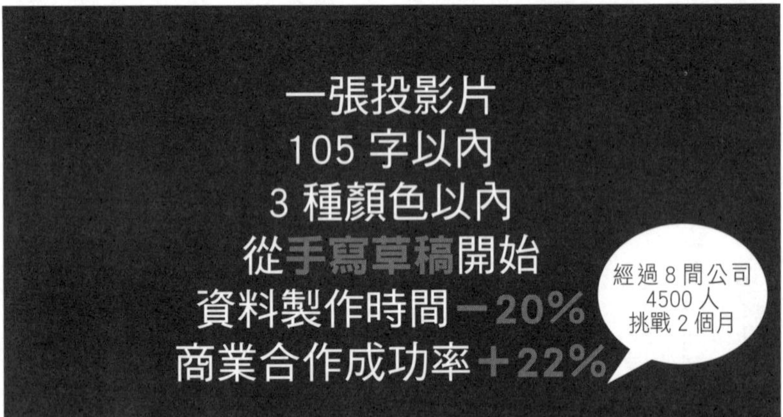

而將獲得顧客好評的資料作成固定模板讓大家使用之後，製作資料的時間減少了百分之二十以上。成果提升百分之二十二，製作時間減少百分之二十，這才是應該追求的省時資料製作。

減少退件修改的「前饋」機制

在我們深入探討為什麼會發生長時間工作時，出現了「處理問題」以及「退件修改」這兩組關鍵詞。問題的緊急處理方式除了事先定好應對流程之外別無他法，但是退件修改則是可以「減少」的。

修正作業會耗去大量的時間與精力，因為退件修改是負面驚嚇（沒有預期的悲傷驚訝），因此會降低製作者的動力，在這樣的狀態下，即使進行內容修正效率也不佳，白白拉長了工作時間。

解決方式是**請資料收受方先看過完成度百分之二十的內容**，這樣可以先從收受方那裡獲得意見回饋，因此取名為「前饋（feedforeard）」，接著請客戶實施。

雖然這麼做的目的是避免退件修改，但和收受方之間的溝通機會必然會增加，可以讓內容更充實。

另外，這個減少退件修改的方案產生成果之後，也開始出現了附帶效果，例如參加成員之間，包含初期反對者，建設性的對話增加了；不僅如此，大家也開始尋找除了減少退件修改方案之外，還有沒有類似的對策。

參加這個方案的三間公司因此創造了新的業務改善方案，並且成功省下了不必要的時間浪費。

利用多螢幕提升效率

如需從各種資料中擷取資訊，彙整成會議資料時，我推薦使用多螢幕。雖然是份老舊的數據，不過根據資訊處理學會公開的研究（〈引進大螢幕／多螢幕促進工作效率的測定〉，富士全錄股份有限公司研究技術開發本部柴田博仁，二〇〇九年），比起使用一台螢幕，使用兩台螢幕工作可以提升百分之十三點五的效率。美國的 Jon Peddie Research（JPR）也在二〇〇九年發表多個螢幕的使用者，平均可望提升百分之四十二的生產力。

〈升降式移動桌面〉還有數據顯示每天坐著的時間超過七個小時的話，每增加一個小時，提早死亡的風險就增加百分之五

我的工作環境：多螢幕

藉由使用多個螢幕或放大螢幕，使用者不僅可以開啟或管理更多的視窗，也可以進行更複雜的多工處理；在微軟研究院的調查（二〇〇四年）中，也發表了多螢幕平均可以提升所有使用者的工作表現，尤其是女性的工作表現更是大幅提升。

工作效率和生產力雖然難以定量測量，但我們向使用雙螢幕（雙顯示器）工作的客戶八百名員工進行問卷調查，回答「變得可以在更短的時間內做更多的事（＝工作效率提高）」者占百分之八十六，回答「工作壓力減少了」的人有百分之七十八，這兩項都獲得了相當高的評價。雖然增加更多螢幕會產生更多成本，但是工作效率提升，也增加員工的工作動力，我想投資報酬率很高。

「移動也要縮短時間！」篇

善用 Google Map 的所有功能

如果要外出與客戶見面的話，集中地區和時間會更有效率，所以盡可能集中每一個拜訪預約，以增加自己可以控制的時間。想要在有限的時間內拜訪更多的客戶、做更多事的話，ＩＴ服務會是你的強力助手。

我想有很多人會用智慧型手機的 Google Map 查詢前往會面地點的路線和移動時間吧。在 Google Map 行動版裡，查詢的路線結果會簡單地連結到日曆中，建議不要在每一次移動前才查詢，而是事先查好儲存下來。

如果設定好十分鐘前發出提醒鈴聲的話，即使在客戶那裡談得很開心，也可以確認離開的時機，不會妨礙到下一個預約；我自己也是，在行程排很滿時，會故意讓與會者注意到手機的鬧鐘鈴聲，以找時機離席。Google Map 也可以設定轉乘通知，因此可以避免使用手機工作，結果不小心錯過轉乘車站的失誤。

不重複做同樣的作業是節省時間的鐵則，所以請大家事先儲存好住家以及工作地點，方便馬上查詢。事先儲存工作地點是為了查詢路上交通的壅塞狀況，開車上班或是搭乘計程車移動的人，看過壅塞狀況後再出門就可以避開風險了。

我想很多人基本上都是利用鐵路、公車和公司車（公務車）移動，但是在都市想要馬上移動的話，還是可以適當使用計程車，雖然費用比鐵路或公車貴上不少，不過可以在車內聯絡事情或工作，如果拜訪地點必須多次轉乘鐵路，或是距離車站較遠的話，這樣可以節省時間及精力。

若是在可以使用 JapanTaxi 的地區，利用手機事前預約，在拜訪地點的大樓前搭車前往下一個拜訪地點，就可以省下每一次攔計程車的時間。這種預約 App 可以事先設定目的地，不需要再向司機詳細說明，可以在車內集中精神工作。

建立共同工作空間清單

假設距離下一個會面還有時間的話，我想很多人會到拜訪地點附近的咖啡廳或速食店進行簡單的工作。如果重視效率的話，我推薦使用共同工作空間，提供電源插座和無線網路，環境安靜，可以集中精神作業，比起在狹窄的咖啡廳人擠人工作，效果壓倒性地更好。只要事先查詢、預約好可以使用的空間，就可以節省不必要的時間浪費，完成一項工作。

關於共同工作空間，現在以公司為單位簽約、運用的案例越來越多。本公司的客戶約有六成是大型企業，但是公司內的會議室經常都是滿檔的，因此利用共同工作空間和顧客開會的例子也越來越多。事實上有二十二間公司回答使用共同工作空間之後，一年減少了百分之五以上的移動成本，與顧客的接觸點增加了百分之二十八，有百分之七十四的員工感到滿意。

本公司雖然禁止資訊共享的會議，但在提出想法及決定策略時都是使用共同工作空間。我們會在平常使用的「Basis Point」參加讀書會或是講座，精進每個人的能力以及創造人脈。

「極簡主義者越川」的包包裡有什麼？

●**輕量化筆電**：我總是帶著「Let's note」在全世界到處跑。如果要選擇輕量堅固、內建數據通訊用SIM卡、具備連接到螢幕的介面（VGA和HDMI）的筆電，這款是最強的機種。另外可以將自己的工作視覺化的「工作羅盤」（專為法人提供的商品）是我決定購買的關鍵，還有AC充電器體積很小也是我喜歡的點。

●**迷你滑鼠**：為了在製作資料時提高生產力，我會帶著行動滑鼠出門。Elecom的無線滑鼠不到一百公克，收納不占空間，非常方便。

●**簡報筆**：國譽的「黑曜石」是我的愛用產品，有了這款商品就可以帥氣做簡報。

●**最新型的智慧型手機**：只要接觸最新科技，就可以產生新的省時想法，所以我每年都會換最新型的智慧型手機。畢竟如果因為機器反應速度慢讓人感到煩躁，或是輸入到一半的對話消失了，只是白白浪費精力，因此我會投資高規格的機種。

- **名片夾兼錢包**：我現在用的是「Apple Watch」的「Apple Wallet」，因此幾乎不再使用現金，只需要一張信用卡和些許現金就夠了，所以就將名片夾兼做為錢包使用。
- **Qrio**：我家的門鎖是用「Qrio」，因此不需要帶鑰匙在身上，iPhone 或是 Apple Watch 都可以解鎖。可能有人會問：要是忘了帶 iPhone 或是 Apple Watch 出門怎麼辦？但鑰匙也是有可能忘記帶出門，而且 iPhone 和 Apple Watch 有兩台，總比帶著只有一把的鑰匙出門更不需要擔心吧。
- **衣服採用月租制**：商務場合穿的西裝外套、西裝褲、襯衫我都是利用月費租賃式的「leeap」。不需清洗、款式多樣，喜歡的話也可以購買，非常方便。
- **無辦公室**：以前雖然有租用辦公室，但後來我決定不租了，改用共同工作空間辦公、進行討論或是接待客戶。我也會使用「Spacemarket」租借全國

帶在身邊全世界到處跑的 Let's note

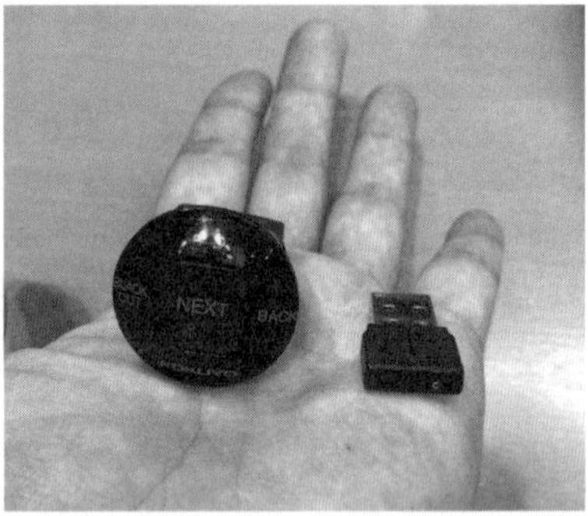

必備的國譽黑曜石。不會被聽眾看見操作簡報筆的樣子，可以配合說明順暢地播放投影片。

有了 Qrio 就不需要鑰匙

各地的出租會議室與客戶開會。

- **無秘書**：以前我有僱用秘書，但現在完全改成使用線上秘書服務「CASTER BIZ」了，只要透過通訊軟體委託，就會有優秀的秘書回應。公司的電話代表號則是用每個月一萬日圓的「Chatwork 電話代接服務」，只要有人打電話到代表號，Chatwork 就會代接電話，並利用通訊軟體告知通話內容。

第1章彙整

- 應該瘦身的有公司內部會議、電子郵件、資料製作
- 應該要培育會議引導人才
- 不再使用電子郵件，改用即時通訊軟體
- 簡報內容應控制在一張投影片一〇五字、三種顏色以內

第2章 「內圈工作坊」，讓百分之六十八的行動扎根

沒有自省就沒有成長

回顧檢視，就可以判斷會議或資料是成功還是失敗的。許多人會在會議結束後鬆懈，或是完成資料以後沉浸在成就感之中。不論參加多長的會議，或是資料做得多漂亮，如果這些無助於往目標前進，那就只是在浪費時間而已。也不能因為被眼前的工作追著跑，就將目標訂在完成工作就好。我們需要定期停下腳步，動動頭腦，才能持續進步。所以請大家一定要定期暫緩手邊的事，回顧並反省自己的行動，將從中習得的教訓運用到下一次的行動中。

只要這種「自省」成為習慣，就可以減少相同的錯誤，同時提升效率與成效。

要改變一個人的想法需要花費數年時間，但只要撥出時間自省，即使一個星期只有

十五分鐘，結果和想法都會改變。事實上本公司的夥伴，還有我自己，都是靠著自省而得以實現週休三日。我常被說「這怎麼可能！」但還是希望能夠讓更多的人體驗如何透過自省改變行動和想法。

什麼是內圈工作坊

想要改變行動，必須從個人過去的工作方式及其內容開始檢視，並將自我反省後的改善措施扎根，因此本公司向一萬兩千人推薦「內圈工作坊」。這是以每一間企業的員工個人為中心，集結大約三十人的集合式工作坊。

首先將每個人感到幸福的事以及工作價值感視覺化，並向小組內成員分享。接著各小組討論該怎麼做才能讓自己感受到工作價值感，確認彼此的共同點及差異點以刺激思考，之後檢視過去三天的行程，在工作表單內寫下工作內容（第九十九頁的①），例如開會、討論、移動、拜訪客戶等類似這樣的形式。

將其中自己可以控制的時間和內容做記號當成內圈（②），這個內圈大概會占所有工作時間的百分之十八到百分之二十二。

接下來的工作是檢視這個內圈，寫下反省以及改善點（③），例如花時間做了資料卻不被採納、晚上寄出郵件結果害收件者只能匆忙回信、應該用即時通訊軟體溝通而非寄信等等。

再以這些反省點為基礎，訂立改善措施，或是寫下該如何行動以避免再次犯下相同的錯誤（④）。例如遞交資料前先讓對方確認過、會議流程表應該在開會前二十四小時提供給與會者、聯絡時不要匆匆忙忙，而是在工作時間內使用即時通訊軟體溝通，諸如此類的行動改善計畫。

將③的反省點與④的改善措施分別寫在便條紙（正方形）上，各小組將這些便條紙貼在白板或是影印紙上彼此分享，藉由這樣的分享，可以找出擁有相同問題的人，獲得不同的解決方法。

最有效的是大家一起討論，想出新的改善方法。在思考改善措施時，會因為他人的想法帶來靈感而產生相關的想法，這種「想法的加乘」就結果而言通常效果比較好，因此讓各小組積極討論，盡可能產生越多想法越好。

各小組得出改善方法之後，再透過小組之間的分享，又可以找出新的改善點。

工作坊一景

這時候小組內因為也獲得了來自其他小組的刺激，因此更容易發起改善行動。

每一個小組的發表都結束之後，將自己的便條紙貼回個人工作表單中。最後是欄位⑤，為每一項改善措施加上實行日期，完成個人工作表單。用智慧型手機拍下各小組的白板及個人工作表單，以便自己可以反覆觀看；而寫下日期的用意是藉由為計畫表上的改善措施設期限，以強制自己回頭檢視。

我大概會花兩三個小時進行這個工作坊。工作坊結束之後的問卷調查中，在行動意願方面，想要採取行動的人達百分之八十以上；而兩週以內會實際採取行動的人則有百分之六十八。這就是**停下腳步思考**、**透過**

自省訂定改善措施、帶著認同改變行動的工作坊。

這個工作坊是行動的契機，當你回過頭看，覺得「沒想到還不錯嘛」的瞬間，就可以為下一次的行動帶來動力。只要實際採取行動之後，多了自由運用的時間又可以獲得肯定，個人的改善行動就會持續下去。

工作坊示意圖

從壓力中解放～盤點外圈與內圈

①寫下過去的行程

時間／日期	（填寫範例）7/4（二）	Day1	Day2	Day3
9：00	部門會議（外圈） 處理郵件（內圈） 製作〇〇資料（內）			
12：00	午餐 公司內部會談：主辦人員（內）			
15：00	接待客戶（外） 處理業務（外） 製作△△資料（內）			
18：00	處理郵件（內） 處理經費（外） 20：30 回公司			
21：00				
成果	完成提案資料			
反省	會議上沒有發言 14 點時突然很想睡 被郵件追著跑			

②將內圈列成清單

（填寫範例）

1. 處理郵件
2. 製作〇〇資料
3. 公司內部會議
4. 製作△△資料

1.
2.
3.
4.
5.
6.
7.
8.
9.
10.

③列出應反省、改善的清單

（填寫範例）

1. 做好的資料沒有派上用場
2. 花俏的資料只是自我滿足
3. 有一段時間無法集中精神
4. 回信反而招來了新的郵件
5. 每個月都在做相同的工作

1.
2.
3.
4.
5.
6.
7.
8.
9.
10.

④改列成任務清單

（填寫範例）

☐ 製作資料前先取得回饋意見

☐ 設定一週一次 17:30 下班，將自由時間運用於〇〇

☐ 設定集中精神的時段，看看效率如何

☐
☐
☐
☐
☐
☐
☐
☐
☐
☐

⑤設定期限

（填寫範例）

→ 從 7/10（一）開始

→ 從下一週 7/17 那週開始

→ 從 7/13（四）開始

→
→
→
→
→
→
→
→
→
→

可以下載這張內圈工作坊的投影片 www.cross-river.co.jp ＞著作＞超 ・ 時短術

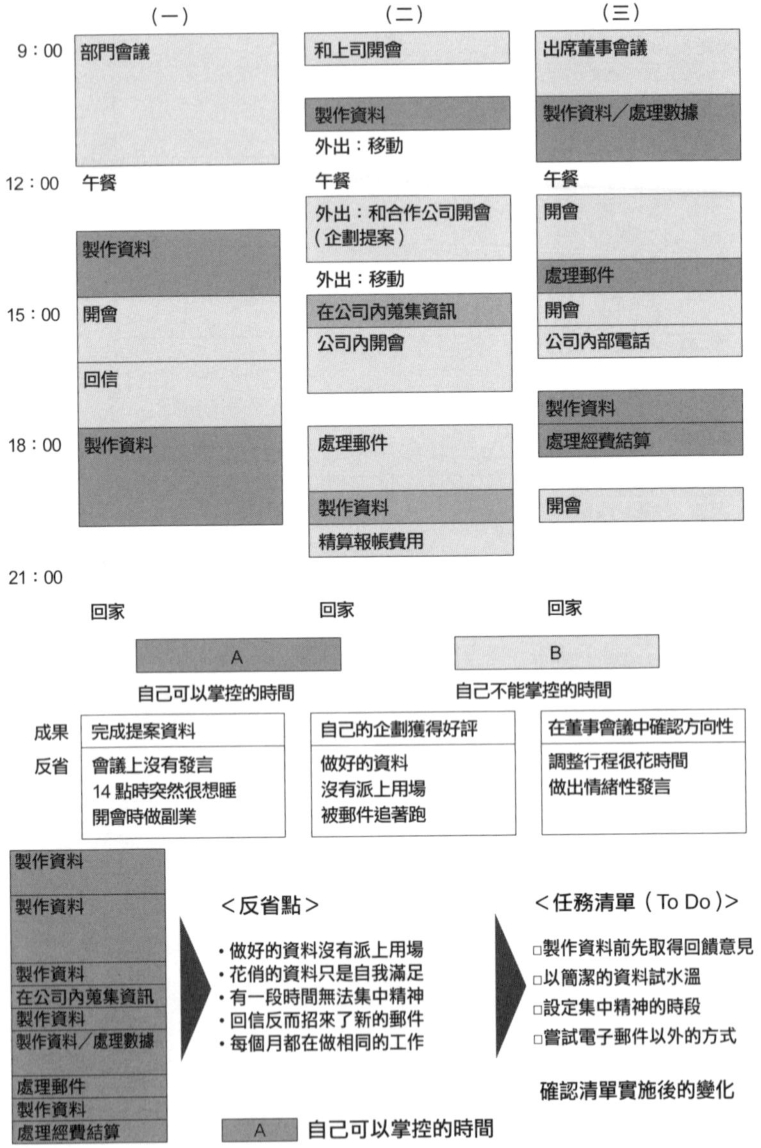

在工作坊中使用的教材——掌控自己可以掌控的時間

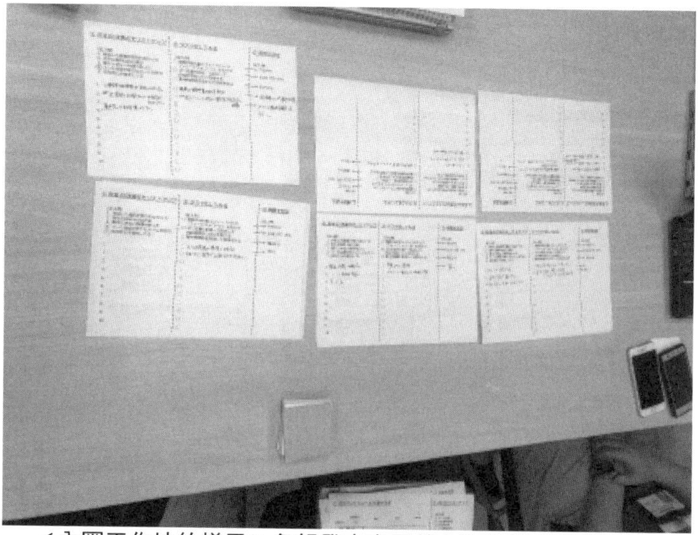

＜內圈工作坊的樣子＞各組發表自己的內圈以及需改善的點

十五分鐘的回顧檢討，巨幅提升生產力

我是在調查各客戶人事評價前百分之五的員工，他們的思考方式以及行動思考時，想到這個內圈工作坊的。這些超王牌的「百分之五員工」會自發性地定期回顧自己的工作，養成每一星期或兩星期空出大約十五分鐘做回顧的習慣，他們落實的程度相當於其他百分之九十五員工的八倍。我認為只要模仿這些王牌員工的行動，應該就會更容易做出成果，於是想到將這個回顧自省的十五分鐘方法以工作坊的形式推廣出去。

事實上，參加過內圈工作坊的人採

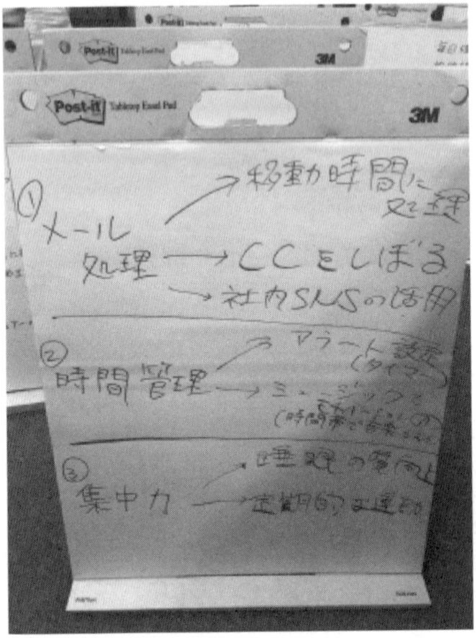

＜內圈工作坊的樣子＞
將各組提出的改善點寫在白板或是影印紙上與其他組分享

取行動的意願（採取行動的企圖心）非常高，有八成以上的人回答「會採取行動」，我認為這就是能夠讓行動扎根的勝利模式。

我想這和組織行動學者大衛・庫伯的「經驗學習理論」相近，庫伯強力主張人會透過依序經歷「具體經驗→省思觀察→抽象概念→主動驗證」這四個步驟達到學習。讓這種改變行動、藉由回顧而認同，並將反省點活用於往後行動中的經驗學習扎根，會是整個公司成功進行工作方式改革的一大關鍵。我至今已經協助五百間以上的企業，但沒有任何一間是公司方喊著改革改革，就真的順利進行工作方式改革；如果不是這種從個人行動開始改變、透過回顧自省連帶改變想法、由下至上的模式，就不會成功。

透過DCACA節省百分之五的時間

這種自省的機制只要扎根之後，就會確實轉成行動意願，因此不再需要「PDCA」。PDCA是指Plan（計畫）、Do（執行）、Check（回顧）、Act（改善）這四項所構成的執行流程，不過自省則是著重於反覆進行行動與確認，因此會極力縮短花在P（計畫）上的時間，利用**行動優先來進行改善措施**，就是「DCACA」的概念。

先前已提及過多次，縮短時間並不是我們的目的，因此請各位常保「生出時間是為了要創造新的東西」的正向意識，為了這件事，所以需要設定定量目標，在達成目標前持續行動。

首先，請將第一目標訂為從現在的工作時間中生出百分之五的時間，達到百分之五之後再設定為百分之十，藉由這種階段性設定目標的方式，就可以在每一個階段獲得成就感。

比起嚷著「好想變瘦」，設定「我要在一個月內瘦一公斤」這種定量且具體的目標會更容易做到。然後請一個星期回顧一次目標，確認自己的進度，如果一天工作七點五小時，一個月有二十二天工作日，總計就有一百六十五小時，也就是說請將目標訂在瘦身八點二五小時。完成百分之五之後，就設定一個更大的目標，或者是思考並實踐可以提升品質的行動，只要反覆回顧自省，工作時間就會減少，工作的品質也會提升。

活用「不想被瞧不起」的心理

在內圈工作坊裡，只要列出根據反省而擬定的改善措施，以及執行該措施的日期就結束了。

如果你是主管，期待看見下屬內圈工作坊的成果，那麼首先，參加者就必須要有實際行動出來。但並不是隨便放任參加者自己做，身為主管，請確實地追蹤下屬的行動，當他們有所行動時當然要給予稱讚，但是當他們沒有行動時，也要不厭其煩地提醒他們。

員工中不會只有懷著企圖心、拚命努力想留下巨大成果的人，也有很多人光是處理每日工作量便已筋疲力盡，不想再給自己找麻煩，所以採取不積極努力、低風險低報酬模式，因此不要關注在實行改善措施後獲得了多少成果，而是在小組內分享大家是否真正實踐了改善措施。我想裡面會有因為工作太忙而無法實踐的人，但大部分沒有實踐的人是為了逃避改變行動帶來的痛楚，才刻意想要遺忘。

因此，藉由在小組內分享，以一目了然的方式區分出已經實踐的人和沒有實踐的人，如果大家都做了但自己沒做，人會產生一種「歉疚」感。很多人雖然不想勉強自己汲汲營營於升官，但也不願意被瞧不起，如果在小組內被公開自己沒有做到先前答應的事，就會產生周圍的人會不會瞧不起自己的想法，於是就產生「總之先試著做點什麼」的動機。雖然這是有點半強迫的方式，但身為主管，如果提升小組能力是你的目標，那麼這時候**希望你能擔起被討厭的角色**。總之就算只是小事，只要當事者採取行動並實際感受到變化，就會成為行動持續下去的契機，以結果而言，便能夠成為當事者的助力。

專欄

利用番茄工作法避免半途而廢

張弛有度地工作能讓效率提升，接下來我要介紹來自義大利的顧問法蘭西斯科・西里洛發明的「番茄工作法」。

這是持續工作、讀書、家事等作業二十五分鐘後休息五分鐘，最多重複四次這套循環的時間管理術。西里洛利用義大利語為Pomodoro的番茄型廚房計時器，將時間分為若干區段進行考試的準備。原本是軟體工程師的西里洛在自己的網站中公開了番茄工作法之後，最先在經常被截止期限追著跑，被迫與時間奮戰的軟體開發者之間流傳開來。

二十五分鐘這個時間長度，對於自己的專注力有信心的人來說可能會覺得太短，但是要在二十五分鐘內完全埋首於一項作業中有多麼困難，只要實際試過番茄工作法之後就會明白。番茄工作法是訂下一個不會徒勞無功的目標，一邊對抗內心的半途而廢，一邊完成選定的作業，這是一種嚴格的二十五分鐘活用法。

這個工作法的最大天敵是「中斷」，像是電話或是有人來訪這種自己無法掌控的部分稱為「外在中斷」，這會讓番茄工作法無效；另一方面，想要確認郵件、突然想到必須聯絡某個人，或是忍不住在意其他人等，這些是「內在中斷」，這也會讓番茄工作法無效，當然更不用說同時進行其他工作的多工。

其中西里洛特別警戒的是上述的「內在中斷」，因為「內在中斷」都是發生在做一些不重要的事情時，代表一開始的目標設定就不適當。如果內心帶著疑問或不安就想完成工作，那麼導致一再拖延，或是分心到其他事情上也是理所當然的。

現實中經常會因為內在中斷與外在中斷而感到挫折，不過西里洛曾說：「即使一開始無法集中精神達成自己的目標也不要擔心，對自己好一點沒關係。」還說：「下一次的番茄工作法就會進行得很順利。」在反覆挑戰的過程中，漸漸就會明白類似專注的訣竅之類的東西，請大家一定要試試看。

第2章彙整

- 專注在自己可以掌控的內圈
- 需要有停下腳步回顧的時間
- 活用從自省中學到的東西就可以減少時間浪費

第3章 提高自我價值，為自己加薪

你的時薪是多少？

工作方式改革相關法案實施後，大家被迫在比以前更短的時間內，持續產出更多的成果，具體而言，就是要求「在不降低品質的情況下減少工作量」，將這個要求換個說法，變成提高每一小時的生產力，意即「時薪」。想要提高時薪，首先我們來釐清一下現狀。

在總務省統計局的工作力調查中（二〇一七年），正職勞工的平均年收入為四百一十八萬日圓；而厚生勞動省的公開資料中，員工數三十人以上的企業，正職員工的平均工作時間為一千七百八十一小時，以最簡單的計算方式來看，平均時薪為兩千三百四十七日圓。因勞力短缺而高漲的東京計時人員時薪平均為

時薪的計算方式① ÷ ②

① 年收入（從扣繳憑單的金額中扣除交通補助及住宅補助後的金額）

② 上班時間（如果是 9:00 ～ 17:30，就以扣除午休時間後的 7.5 小時 ×22 天）＋每個月平均加班時間－年假時數（年假天數 ÷12×7.5 小時）

一千一百三十四日圓，可以看到正職員工的時薪比較高，是計時人員的兩倍以上。

大家也確認一下自己的時薪，在公司上班的人可以透過年初的扣繳憑單、每個月提報的出勤表以及年假日數計算；自由業或自營業者可以利用綜合所得稅申報表或營利事業所得稅申報核定通知書的所得及利潤，除以大概的工作時間來計算時薪。

計算出來的時薪是否每年提升？請在紙上寫下最近三年的時薪，比較一下增減了多少，以及你希望該時薪在什麼時候之前提高到多少錢。縮小理想與現實之間的「時薪差距」，就是工作方式改革的目標之一。第一步，就請大家確認自己花費的時間是否有效率地轉換成了收入。

重新確認之後，我想會有很多成果與收入未能連動的部分。請大家仔細思考為什麼時薪無法提高？為什麼被迫長時間工作？再來想解決對策。

透過本質思考將心力投注在重要的事情上

了解自己的時薪之後，應該就明白哪邊應該踩油門，哪邊又該踩煞車，因為你會知道什麼是與時薪相關的、什麼是無關的事，就可以投入到時間花得越多、時薪越高的事情上。這不是要大家去找一份高時薪的工作，而是應該將心力投注在容易提高時薪的工作及任務上。

就算時薪多了一千日圓、兩千日圓，但如果那個數字不是自己的目標時薪，就不應該繼續下去。好好盤點並確實掌握現在的能力及時薪，然後策略性地思考自己的目標時薪，以及該如何累積技能、獨特價值和經驗才能實現那個數字。

反過來說，當你縮小了其中的差距，就可以順利避開不相關的工作，也應該要避開才是。當然，破壞了公司裡的人際關係或朋友之間的關係，長期而言可能會有所損失，因此必須好好思考。但對於提高時薪明顯沒有幫助的事，**就應該要**

有勇氣果斷停止。

另外，從事斜槓工作（副業）的話，必然會加總工作時數，希望大家特別注意時薪，這是衡量投資報酬率的大概基準。

利用「周哈里窗」了解自己

他人的回饋對於了解自己是一件非常重要的事。有些面向我們自己無法得知，因此藉由他人觀看我們，就可以了解客觀且公正的自己。

上圖顯示的「周哈里窗」是一知名的人際關係中自我覺察的模型。透過鼓勵多樣性，與各式各樣的人接觸；藉由「反向指導制度」（譯註：由下對上的建言、指導）等方式，

周哈里窗

從他人的回饋中了解自己

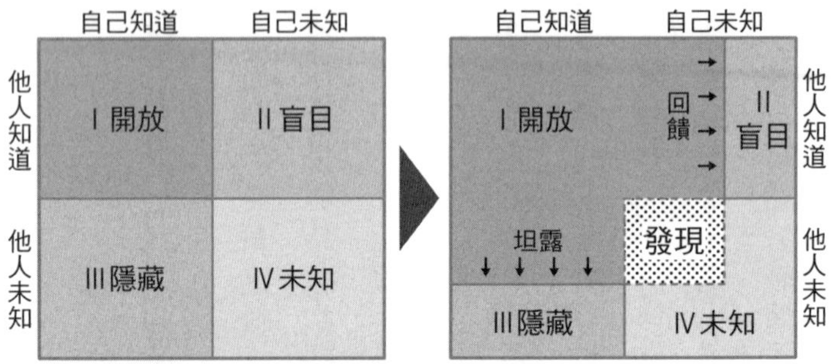

・由美國心理學家喬瑟夫・魯夫特和哈利・英格漢於 1950 年代提出
・廣泛運用於人際關係中自我覺察的圖解模型

圖：周哈里窗　從他人的回饋中發現自己看不見的部分

從不同年齡層的人身上獲得回饋，有了這些回饋，自己未知但他人知道的部分就變得清晰明確，這部分就是「自我差距的發現」。

我會請即將就職的大學生擔任反向指導者，請他們聽過我的演講後指出不好的地方，像是語速太快，或是專有名詞太多難以理解等等，我也會讓該學生一同出席客戶的董事會議，對於雙方都有好處，這就是反向指導制度的特色。

這種客觀看待自己的行為，在變化劇烈的時代極為重要。另外收授回饋的這個行為對於當事雙方是互利互惠，因此應該在公司內落實這種回饋文化。成功進行工作方式改革的百分之十二公司中，將這種回饋文化根植的企業占了半數以上，由此可知，在讓公司成長、提高員工向心力方面，這種回饋文化相當具有效果。

差距產生價值

那麼，該怎麼提高時薪的單價呢？首先，要找出「差距」並以此為賣點。

商機本來就來自差距，一六〇二年設立的「荷蘭東印度公司」是世界上第一間股份有限公司，便是從地理差距中創造出商機，將印度及爪哇群島上如雜草叢生的辛香料和紅茶當成奢侈品賣給西歐的貴族。在沒有物流網及資訊網的那個年代，一般人無法自行到印度取得那些雜草，因此商人便將幾乎等同免費獲得的紅茶及辛香料再加上利潤賣出，那個年代便是藉由遠地貿易從「不同地區產生的價值差距」來獲得利益。

但是，在資訊網及物流網皆已完善的扁平化現代社會，這些地域差距已經行不通了，原本只在巴西販售的高級咖啡豆，從網路上就可以輕鬆購得；也可以知道想要的休閒鞋世界上哪裡還有庫存、是由哪一個人販售。

不過現在與未來的價值差距、已流通的資訊與未流通的資訊落差目前依然存在，許多數位資訊可以從 Google 搜尋，全世界的人都可以找得到，因此資訊價值不高，**Google 上找不到的資訊才會產生差距，帶來附加價值**。

例如我們原本看不見全國印刷公司印刷設備的稼動率，但將它們連上網路、數位化與視覺化之後，就可以用更便宜的價格及更快的速度印刷，而建構這套模型的是 RAKSUL 這間公司；另外，每戶人家廁所裡都有的捲筒衛生紙內的紙捲，原本看不到想要這種紙捲的人的存在，但將這種隱形的需求視覺化，建立 C2C 平台的公司就是Mercari。

在分工上也可以使用到差距，例如活用工作成本差距的境外公司，或是開發中國家的工廠開發等。不過日本還有語言障礙的問題，所以自動翻譯的精準度如果不能提升，也許就無法順利發揮作用。另外時差也是時區的差距，在日本內需逐漸縮小的現況下，在其他國家從商的必要性會比以往都來得更高，因此在國外設立據點，與當地成員共同作業才是有效率的方式；如果是要分擔工作，藉由不同時差區聘僱員工，創造「日不落體制」，就可以產生商機。

信賴感會為自己加薪

近來「客戶成功（Customer Success）」這個詞變得很熱門，這是指引導客戶邁向成功的主動式作為。

想要獲得新客戶的成本總是居高不下，畢竟顧客在下新的訂單時，也是和不安與看不見的風險搏鬥，因此會小心行事也是理所當然的。

不過實際合作後，顧客感到愉快的話，就會想要繼續維持關係，委託其他工

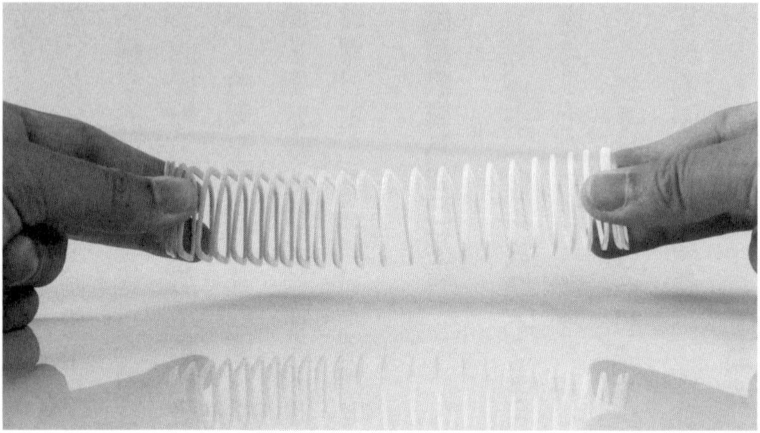

培養即使拉長了也能馬上恢復的韌性

作。這不僅是因為下單變容易了，也是因為對該公司的信賴與安心，引起他們想要繼續下單的想法。

實際上，獲得新客戶的成本，與現有客戶持續下單的成本相比，後者壓倒性地不需花費太多時間，成本也因此降低。以我的ＩＴ企業客戶為例，為了獲得新客戶的訂單所耗費的勞力，是從現有客戶身上獲得相同金額訂單所需勞力的三倍。

將目標訂在盡量減少開發新客戶時的成本，提升該客戶的滿意度以博取信賴，好獲得下一次的訂單。以結果而言，每一小時的生產力會提高，這也是為什麼許多企業將心力投注在客戶滿意度及客戶成功上，尤其是Ｂ２Ｂ

企業。不囿於短期的銷售量，而是透過提高顧客的終身價值（LTV＝Life Time Value）以持續獲利，為此，就必須贏得客戶的信賴。

例如發生問題時，如果能確實從顧客的角度採取正確回應，就能及早解決問題，得到比發生問題之前更深的信賴。事實上，我在之前的微軟及現在這份工作，總共進行了五百八十五次道歉拜訪，獲得共六十三億日圓的追加訂單。**做好準備，帶著誠意及防止再次發生的對策前往，危機就會轉變為機會**。

不僅是和顧客之間有信賴關係，在公司內部也可以累積信賴感，像是協助遇到困難的同事、一起解決其他部門的課題等，這樣當自己遇到困難時就可以得到幫助。如果可以和同事建立起不可動搖的信賴關係，之後不論是部門異動或是辭職離開公司，他們都會成為強而有力的支持者。

一個人沒有辦法解決複雜的問題，但在信賴的基礎上拉進身邊的人組成團隊應對，就可以及早解決更多課題。這種解決課題的能力會帶來更多利益，衝高你的時薪。

學習如何具有韌性（復原能力）

《100歲的人生戰略》（倫敦商學院林達．葛瑞騰教授著，商業週刊出版社，二〇一七年）一書中提到，在一百年的人生中應該儲蓄的資產為：①生產力、②活力、③變身能力（應對變化的能力）。

應對變化雖說是為了存活下來的必要能力，不過未來更需要的會是韌性（彈性、復原能力）。抗壓性或應對事物的柔軟度雖然也都是韌性的一種，但其中也包含了像橡皮筋一樣，拉開之後會馬上回彈的自我復原能力。隨著未來更加激烈的變化，可能會有超乎想像的壓力落在身上，因此需要即便因為變化而受到傷害，也能夠透過休養重新振作，回到原來狀態的復原能力。

即使可以持續迴避不受傷害，但要在工作中完全脫離壓力是一件困難的事，就像完全不受地震、颱風、酷暑或花粉症影響一樣困難，因此我們該做的不是不受影響，而是減少影響，並且預先擬好對策，以便在受到傷害之後能夠復原。

基於這樣的意義，工作後的一杯啤酒、熱中的興趣、爆汗的運動等，擁有某項「屬於自己的樂趣」會增加韌性。醫學也顯示，比起無所事事閒度週末，盡情遊樂消除疲勞之後，星期一的精神衛生狀態會比較好；另外，增加知識、安穩平和的日常生活也會對韌性產生影響。

未來在接受各式各樣的挑戰時，過程中可能會遇到挫折，但就算身陷苦境，擁有能夠避開痛苦、淡然處之心態的人才是強者。只是停止做無謂的事，拚命提高效率無法長久持續，好好休假、放鬆肩膀的緊繃、消除疲勞絕對是必要的。

具備真正的多樣性

我們追求的多樣性，不局限於性別，也包含與年齡、背景、經歷等各式各樣的人接觸。創新的發生就是不要避開異質，結合每個人擁有的多樣想法與見識，會產生化學反應，進而產生新的商機。這種一個一個的連結會帶來創新，因此不要只是關在公司內，走出去積極地與公司外部的異質接觸吧。

企業，尤其是大企業，應該要活用業務委託的機制，而不只是依靠正職員工，這麼做不僅容易控制成本，還能主動接觸到異質，增加了引發創新的機會；而對於關在公司內工作的人來說，也可以藉由業務委託這種從公司外部加入異質的方式，感受到外部的環境變化。

我們實際在八間公司利用三種模式：①只有公司內部正式職員的專案、②加入業務委託的專案、③加入新創公司，也就是所謂開放式創新專案，來開發新的商機，結果②和③的模式「萌芽率」壓倒性地高，並且發現實際實踐時，②的模式具有更容易於短時間內達成的傾向。如果公司的目標是產生這種單靠公司員工無法引起的化學反應，那麼就不要淪為只是形式上增加女性董事人數的「指標遊戲」，而是應該活用多樣化的就業型態。

第3章彙整

- 必須有「為了縮短工作時間、提高收入，就要提高時薪」的意識
- 擬訂策略，該怎麼做才能讓他人為自己的高價值買單
- 差距（有需求但沒有人提供的商品）可以提升價值

專欄

理想的工作模式在丹麥

二〇一七年，我為了參加國際學會而拜訪了丹麥的首都哥本哈根。丹麥雖是個小國家，但一小時的工作生產力卻凌駕美國，排名世界第五，而且他們不僅生產力高，也是知名的高幸福指數國家。我和在學會上認識的丹麥學者意氣相投，於是臨時延長留在丹麥的時間，進行「該怎麼幸福地工作？」、「該怎麼提高生產力？」調查。我請對方介紹在丹麥工作的十七位商務人士，分七次完成採訪。

摩擦是好事，要多問問題

首先讓我感到吃驚的是丹麥人直接的表現。我在表達了贊同他們重視家人的價值觀之後，說了日本企業因為少子高齡化導致工作力不足，因此長時間工作成為常態，結果對方在時尚的咖啡廳裡反應很大地表示：「工作和家人哪一邊重要？你剛不是說家人很重要嗎？那為什麼不想改變？你們應該要更堅持自己的主張！」

不是只有第一個人這麼特別，每一個人都很清楚地主張自己的意見，這是我在採訪到第五位時體悟的心得。他們認為「摩擦是好事」，大家都說新的想法是藉由與意見相左的人摩擦而產生。

我突然回想起自己總是在討論時迴避衝突，或是察言觀色而給出模糊曖昧的回答，於是我反省了自己經常不知不覺出現不想被對方討厭的想法，比起成果更重視氣氛和諧。當然重視氣氛本身不需要被否定，我只是在想原來為了氣氛和諧，也會導致會議拖沓、難以產生好點子啊！

在我反省之後，想起了他們經常使用的「reflect on myself」這個詞，直譯的話就是「反省自我」，也就是自省。他們會定期回顧過去，並將從中學到的經驗活用到下一次。他們從小接受到的教育是「要問問題」，這已經成為了習慣。據說以樂高聞名的玩具製造商，他們的公司規範就有一條是每週空出十分鐘自省的時間。我深切地認為日本也應該要學習這樣的態度。

單純地擁有不做的勇氣

「你覺得為什麼你們的生產力相對比較高？」我直截了當地這麼問後，對方回答：「我不知道為什麼，我們只是單純地不做無謂的事，去做能夠提高自身價值的事。」我認為「單純地」這個詞就是丹麥的強項，他們認真自省，覺察無謂的事是無謂的，便乾脆果斷地不再繼續做下去。他們不會太過在意周遭的眼光，擁有不做的勇氣，這是因為他們很自然地明白必須持續磨練自己，才能夠不讓自己的價值生鏽。在日本也投入甚深的回流教育（Recurrent Education）方面，他們由國家支援，每個月給付約九萬日圓。

我也問了他們的休閒活動，一般來說，丹麥人夏天有一個月的假期，聖誕節前後則有兩個星期的休假。夏季休假時他們會到郊外別墅度假，完全不碰工作，於是我直接問對方：「這麼長一段時間不工作，你們不擔心嗎？」

整個月不回信也不回即時通訊，不會被上司說閒話嗎？」結果得到「我從來沒這麼想過。不過有一年夏天在我放完假回公司時被人找碴，我馬上就辭職了，因為我覺得那個職場沒辦法讓我快樂地工作」的回答。那種以明確的想法選擇要在哪裡工作的態度讓我印象深刻。

查過資料後，丹麥的勞工流動性極高，大約是四名正職勞工中就有一人在兩年內換工作，除了自發性地辭職之外，其中還有一個原因是公司可以（在經過事前充分預告後）要求無法提出成果的員工離開公司的這項制度。

推動就業多樣化與工作自動化

除了個人重視「快樂工作」，他們也有面對變化、願意承擔風險、進行挑戰的文化。更重要的是，丹麥政府建立了完善的社會安全網，其中包含失業給付，給付對象不只是企業的正職員工，也涵蓋了雲端工作者，意即透過雲端服務接案的自由業者，他們舉全國之力，推動就業多樣化與生活保障。

在二〇一六年的世界經濟論壇中，憑著「丹麥的勞工願意承擔風險，接受變化，給予我們能夠聚焦於未來的鼓勵」，獲得相當高的評價。

不僅如此，丹麥也在推展藉由ＡＩ讓工作自動化。根據大型顧問事務所麥肯錫的調查報告，丹麥的公部門占比高，因此國家整體的工作自動化比率低於全球平均，但民間企業的自動化持續進行，百分之七十三的工作時間花在重複性作業（日常工作）工作，未來可望自動化。

這代表撰寫報告或製作文件等業務內容經數位化以及標準化後，很容易由ＡＩ進行自動化，民間企業已率先透過ＡＩ致力於重複性作業的自動化，前述的樂高公司就在不減少薪資的情況下，引進週休三日制，提高了員工的滿意度。

綜合以上所述，可以整理成以下四大特色。

1. 透過自省不再從事無謂的作業內容，壓縮時間，將多出來的時間用於投資未來。

2.挑戰變化的機會完善，且有所保障。

3.接受異質，因此容易產出新的想法。

4.自主思考想做的事以及會讓自己快樂的事並採取行動，國家也在背後支持。

這次拜訪丹麥的經驗改變了我的人生，回國後我開始了週休三日，並將在丹麥學到的經驗具體實現於我的各個客戶身上。雖然還有就業流動性等問題，但我想這是日本應該立訂的目標。

OECD 會員國一小時的工作生產力（2016 年 / 比較 35 國）

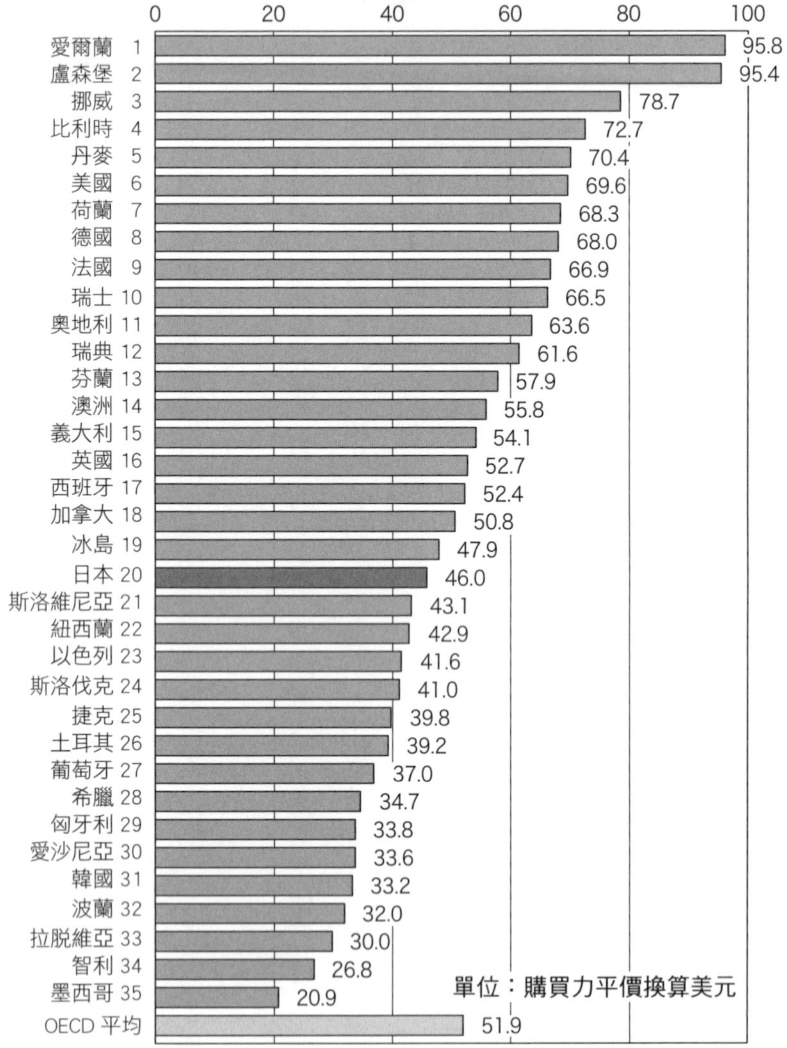

節錄自日本生產力本部「工作生產力之國際比較 2017 年版」
丹麥為第 5 名，日本為第 20 名

第4章 無法下定決心採取行動該怎麼辦？

為什麼改變這麼難？

這個社會已經從「做我交代你做的事就好」的昭和、平成時代，逐漸轉變為「自己思考之後再去做」的平成，接著是令和時代。然而自己的行為模式卻一直難以改變，為什麼？

這是因為**我們想要避開不確定與痛苦**。變化意味著要往沒有走過的黑暗道路前進，人類心理有個特質，當不確定性勝過確定性，我們就會想避開該不確定性。人類認為，讓自己在舒服的狀態（舒適圈）下生活，維持習慣以及行動模式，可以避開不確定性，我們的生物設計天生如此，因此也就理所當然地偏好不要改變。

只要有過痛苦的經驗或是有負面預測，我們就變得無法做出改變，像是「（過去）我雖然採取行動了，但卻沒有發生任何好事」、「一旦我採取行動是不是就會發生什麼不愉快的事情」這樣的想法。如果鼓起勇氣挑戰了，卻沒有獲得任何結果，就會感受到自己的無能為力，想著會不會又遇到相同的事，負面想法不斷膨脹，心情越來越沉重，於是就越來越難產生改變。用來想像的時間不但是逃避行動的時間，也是為了逃避行動所以才去想像。

另外有一些狀況是為了逃避行動，所以將時間花在無關的事物上，例如明知必須快點開始工作，卻在看YouTube；明明計畫要去運動，卻開始玩手遊，大家應該都有類似的經驗吧。

想要改變行動所以踩下了油門，卻因為防衛本能想避開不確定性與痛苦，於是心理自動踩下煞車，我們擁有如此難搞的機制，因此人類無法改變也是合情合理的事。

智慧就是適應轉變的能力

史蒂芬・霍金

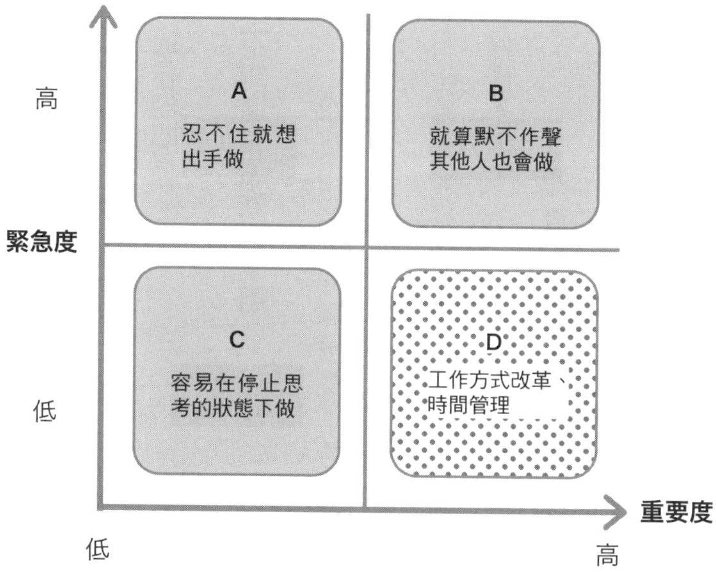

因為偏重眼前，所以緊急性低的工作會被往後延

偏重眼前因而看輕未來

人類有個偏好（偏見），就是比起未來更優先重視現在，即使知道時間拉長以後，會產生更多利益或是損失，還是會選擇眼前的利益。

工作上的優先順序也容易出現這樣的情形。緊急性高重要性高的事情應該二話不說努力完成，卻因為「偏重眼前」，所以容易下意識地去完成重要性低但緊急性高的事，或者是為了逃避痛苦，於是連思考都放棄，改去做緊急性和重要性都低的工作。

在這樣的偏好下，即使大腦理解

工作方式改革是件重要性高的工作，但由於緊急性不高，因此大家都不會積極地處理，畢竟就算今天不改變工作方式也不會死。雖然明知未來有其必要，但現在卻不願去做的原因，一方面是沒有時間概念及危機感，但另一方面也是這種偏好在背後運作的關係。

不知道食譜就不下廚

即使如此，就算接受了其必要性，打算採取行動，問題才正要開始。如果實際採取行動的人有一成，那麼能夠堅持繼續該行動的人就只剩一成中的一成。他們不是忘了要行動，而是即使想行動，結果仔細一想，發現自己不知道方法，於是就停滯不前了。

一旦想著「不知道該怎麼採取具體行動」，無法行動的機率就會上升。假設現在要煮咖哩，我們都能夠想像必須準備的食材和料理方式，但如果今天是要做羅宋湯，就會因為不知道煮法而狼狽不已。「不知道食譜＝採取行動的門檻很高」，如果不知道做法，就沒辦法行動。

要解決這個問題，有效的方式就是準備好具體的行動方法（附食譜的食材），例如不要只是說「禁止加班」，而是訂好「造成加班的公司內部會議，如果開會目的是共享資訊，該類型會議從下週起一個星期減少兩成」。

將行動的目的從「要成功」改為「做實驗」

造成行動踩煞車的不確定性及痛苦該怎麼處理才好？方法是，不要想太多，**想像自己採取行動後產生了好的結果，從風險比較低的實驗開始累積**。花越多時間在思考，越容易放大風險程度，因此要從可以馬上去做的簡單嘗試開始做起。

這個行動的目的不在獲得成果，而是要獲得實驗的結果。如果太在意成果，就會想太多，想要「擬定一個可以順利進行的完美計畫」反而變得無法採取行動。因此一開始不要將目標設在成果，而是以做實驗為目的，因為是實驗，不管進行得順不順利結果都是相同的。透過反覆進行試水溫的實驗，可以獲得「有根據的經驗」這項結果，然後活用這個經驗來改善下一次的行動計畫。

將這個行動視為一項任務（課題），加上期限、寫進行事曆中，我們請二十六間公司十六萬人進行了這項實驗，只是做了這個動作，實際採取行動的機率就提升了四點五倍。此外，如果某種程度上事先想好行動風險及克服方式，就可以掌控一定的狀況，這個自己可以掌控的感受會帶來理解與認同，想法因而跟著改變，想要採取下一步行動。

將小小的成功經驗持續下去

在實際採取行動，想法改變為「沒想到還不錯嘛！」之後，人就會願意繼續下一個實驗行動，因此一開始先從小地方起頭比較好。

事實上，我的客戶有四間製造業公司，進行了從大型目標「會議時間減少百分之二十五」開始做實驗的四個專案，以及從比較可能達成的小地方「讓團隊會議可以提早五分鐘結束」開始實驗的三個專案，結果後者的成功機率比較高，而兩者都成功的專案，之後繼續進行實驗的機率也提高了。如果「成功」可以連結到「持續行動」，就應該將目標訂在再小的成功經驗也要維持下去。

由總務省及經濟產業省等部門主辦的二〇一九年「遠距工作日」，於七月二十二日至九月六日進行了為期大約一個半月的大規模遠距工作實驗。我認為這樣的活動對企業而言是個嘗試行動實驗的好機會，不過一年只有一次的話無法維持成功經驗，因此應該養成兩個月一次，可以的話最好每個月都有進行某種實驗的習慣。不限於遠距工作＝在家工作這種少數選項，而是從改善接單、資料瘦身等多種選項中自主選擇然後進行實驗，並回顧實驗。只要這件事習慣成自然，就會變得比較容易改變行動，漸漸改善想法。

突然要一個人從明天開始改變行動很容易產生反抗，因為不知道該做什麼，害怕遭受大失敗，但在這個時代，什麼都不做風險反而更高，因此請從小小的實驗開始累積小小的成功經驗。一點一點理解接受之後，就訂一個只要稍微努力就可以達成的目標，這樣就會產生幹勁及自信，想法也會轉變為「沒想到採取行動還不錯」。

第4章彙整

無法下定決心採取行動該怎麼辦？原因及解決方式：

原因一　因為想避開不確定性及痛苦，因此不行動。人會變得無法改變也是合情合理。

原因二　因為偏重眼前，所以緊急性低的工作方式改革會被往後延。

解決方式一　先改變行動，之後回頭看會發現自己的想法也改變了。

解決方式二　提供具體行動方式，對方會更容易動起來。

解決方式三　將行動的目的定調為做實驗，延續小小的成功。

解決方式四　不要花時間在計畫上，一開始的行動最重要，要有具體目標。

第5章 未來的工作模式

不再有人提出工作方式改革

二〇一五年九月自民黨主席安倍晉三在參眾兩院議院總會後首次提及「工作方式改革」這個詞，我想數年之內就不再有人使用了吧，因為改變工作方式並不是只在某一段期間內進行，其本質說穿了不過是「順應變化工作」這麼理所當然的事。人類也是一路順應著變化至今，畢竟現在不再有人工作時是用馬車或算盤了吧？少子高齡化也不是現在獨有的問題，往後依然會持續這樣的狀況，如果這個當下不改變行動及想法，因人才不足及業績減少而無法經營下去的企業會越來越多。實現能夠應對這些變化、不再倡導「工作方式改革」的社會也是我的目標之一。

往後應該使用的口號為「獲利方式改革」或「重新審視生活方式」。在少子高齡化之下，只要增加人力和工作時間就會賺到錢的獲利方式即將面臨極限，我們不再像工蟻般，光照別人說的話做就可以獲得安全和幸福。未來我們應該投注心力的地方不是手段（＝工作方式），而是目標（＝兼顧公司成長與員工的幸福），該怎麼讓自己有應對變化的能力以實現上述目標，才是我們應該關注的方向，如果總是將眼光停留在手段上是無法長久的。

工作價值感本身就是報酬

在人生一百年的時代裡，不得不拉長工作的時間，如果以勉強自己的方式工作，年過七十歲之後要再持續工作會是一件很辛苦的事。《100歲的人生戰略》一書的作者林達・葛瑞騰教授主張，在這一百年的人生之中必須要有「活力」。

而與活力有高度相關的就是「工作價值感」。工作價值感意指在工作時感到快樂，這段感受到工作價值的時間越長，就越能保有活力長期工作。因此我們要有意識地去思考自己的工作價值感是什麼？想要達成這個價值該怎麼做？以及該如何改變工作方式？調查二十二間公司的十六萬人對於在什麼時候可以感覺到工作價值的答案，可以概括為以下三項：**「認同」**、**「成就」**、**「自由」**。

認同指的是獲得顧客感謝，或是在公司內部或外部，有人認為自己不可或缺等，像是主管的主管叫得出自己的名字，或是隔壁部門的人向自己道謝，只需要這樣，就可以滿足獲得認同的渴望。不過這股獲得認同的渴望要是太強烈，就會變成做什麼都要人感謝的「給我這個、給我那個員工」，一定要多加注意。請大家理解，認同，是有了成果之後的產物。

第二個工作價值感的要素是成就，例如業績超過目標、完成大型專案等都是成就，而星期五工作後喝的一杯啤酒或發薪日也都會連結到成就。因為一定要有行動才會有成就，所以請大家從行動與成就之間的關聯性來思考。

最後是自由，在喜歡的時候，以喜歡的方式做自己喜歡的工作就是自由。當然可以這樣工作是很好，不過自由也總伴隨著責任。

是否感受到工作價值，會影響一個人能不能長期充滿活力地工作，也會影響到工作表現。

據說擁有工作價值感的員工，其生產力比沒有工作價值感的員工高一點五倍，就公司立場而言，這種「擁有工作價值感的員工」是不可或缺的，因此身為領導者，請思考如何加深已經擁有工作價值感的員工，他們的工作價值感。

重要的是，即使消除了不滿，也不會增加工作價值感。傾聽不平與不滿的聲音當然是必要的，但這麼做也不會轉換成滿意，所以該如何確實增加「擁有工作價值感的員工」，就是基層領導者的任務。如果身邊都是擁有工作價值感的成員，那麼領導者的工作價值感也會增加。請團隊積極思考看看自己可以做什麼吧！

不同性質間新的結合產生創新

想要每一年都留下更多成果，需要的不是解決方案，而是創新。解決方案是用來解決人的煩惱，是將負數歸零，但是顧客追求的不僅是消除煩惱，還要增加快樂。

這時候需要的就是創新。創新不是將負一變為零，而是將負一轉變成二、三。想要產生創新，**該做的不是轉換構思的方式，而是必須改變產出的方式**。

Innovation 這個詞日本誤翻為「技術創新」，但是創造出這個詞的奧地利經濟學家熊彼德說：「Innovation ＝新的結合」。這個新的結合是指透過混搭不同的見

什麼時候會感受到**「工作價值」**？

22 間公司、16.2 萬人的調查結果

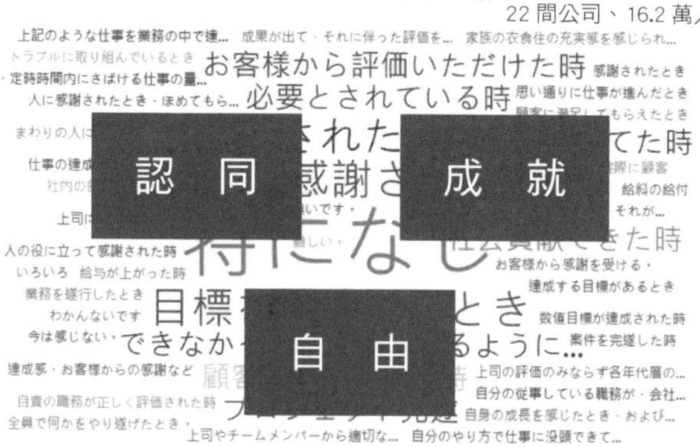

調查 22 間公司、16.2 萬人的工作價值感之後，可以概括為「認同」、「成就」、「自由」

解、經驗、想法產生化學反應，創造出過去無法想像的新的概念。

也就是說，集合來自各種背景的個人讓彼此相乘，就可以產生個人想都沒想過的概念，因此不要聚集一群同質性的人做腦力激盪，而是找來多樣化的成員，互相提出想法彼此相乘，就能夠邁向創新。

企業總是想要讓員工符合既有的公司作風以及職員文化，錄取整批剛畢業的新鮮人，讓他們接受相同的研習，除了是要提高同期之間的關係，也是要讓他們內化該企業的願景。只是這麼做，不但會創造出價值觀相似的同質性集團，另一方面也會難以孕育異質相乘後的嶄新想法。

這就是為什麼結合大企業與新創企業的開放式創新會受到矚目。大企業接受新創企業帶來的外在刺激與見解，發揮其高實踐能力的本領；而充滿創造力（creativity）的新創企業透過與擁有強大執行能力的大企業合作，會更容易產生創新。未來有無創新能力會遠比現在更能左右一間公司的存續，希望各位團隊領導者不要避開團隊內的異質，而要時時提醒自己創造能夠尊重多元意見的環境。

在世界的任何角落都可以工作

未來必須要能夠以更少的時間創造出更多的成果，因此不得不重新思考從早上九點到下午五點一直坐在辦公桌前的傳統工作方式。

從二十多年前開始，日本就在使用「在家工作」這個詞，但我想很多人的印象還停留在這是部分需要育兒，或是支援長照的員工才會使用的工作方式。不過，為了拿出更多成果，就需要可以和更多成員交流，或是與顧客、公司外部人員彼此激盪腦力的活動。

另外，在「設計思考」這套激發創新的流程中受到重視的「傾聽（listening）」

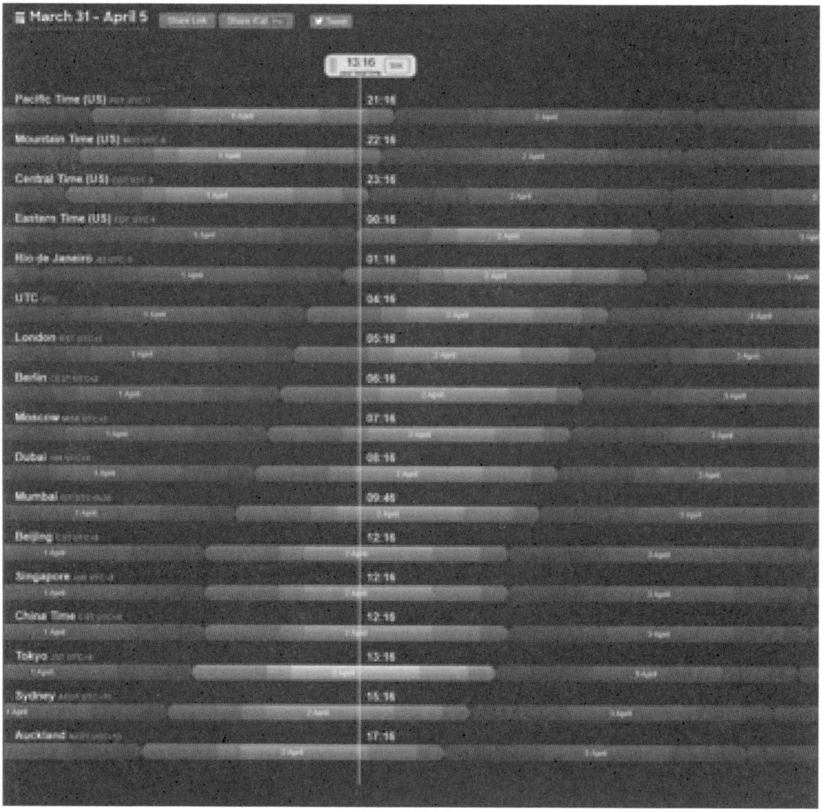

本公司使用的時差確認網站 Every Time Zone
https://everytimezone.com

與「製作原型（prototyping）」，必須在更貼近使用者的地方操作，因此不能永遠待在辦公室裡工作，應該親自到第一線去。

還有，科技的進步讓資訊共享、交流與合作可以透過ＩＴ工具滿足，因此只要熟悉ＩＴ工具的使用方式，就可以在世界上的任何角落工作。

此外，未來需要支援長照的員工會越來越多，應該讓員工不僅可以選擇工作地點，還可以選擇工作時間，例如可以有從下午一點工作到晚上八點的員工，也可以有從上午六點工作到下午三點的員工。未來不囿於地點與時間的工作方式會越來越常見，在全世界的任何地點，以及任何時間都可以工作，這種工作方式也會加速個人化（personalize）的進程。

利用時差二十四小時運作

第一一三頁中提到「差距」的優點，時差也是我們可以活用的一部分。地球上總會有一個地方處於太陽升起的白天，有人正在工作，因此只要和那些人合作，即使是自己睡覺的期間也會有人在工作，就可以二十四小時不間斷地作業。事實上本公司在巴黎、曼谷、西雅圖、紐約都有工作夥伴，不僅可以支援海外商務，也可以利用時差在西雅圖進行日本的工作，或是在巴黎進行曼谷的工作，藉由這種方式，不必增加每個人的工作時間，也能夠快速向客戶交出成品，提升顧客滿意度，而這又會帶來之後的新訂單。

不再有公司內及公司外的區隔

根據調查，自由工作者這種不屬於任何組織的個人營業者每年增加三百萬人，而在各企業，以業務委託的形式而非公司員工身分僱用自由工作者的公司也逐漸增加，如果採取這種有彈性的聘僱方式，就能夠順利地接納工作方式已經個人化的工作者加入。

換句話說，公司會漸漸出現和過去一樣的正職員工、非正式僱用的派遣員工，還有以承攬業務委託為主的自由工作者一起工作的情形。另外，考量到工作人口減少，未來將會需要利用副業來增加成果的工作方式，因此可以想見比起正職員工，業務委託才會是增加的一方。

這麼一來，公司這個組織結構會變得和過去不一樣，不再是個自己可以待到退休的安全系統，而是轉變成為了自我實現以及與異質連結而存在的地方。

到了這時候，已經不再有公司內、公司外的分別，而是變成交流型專案的集合體，成員來自公司內外，大家擁有想要實現某件事的共同目標，因此活用公司具備的社會信賴及實踐能力，來達成原訂的目標。

基層的能力成為優勢

支撐日本高度經濟成長的階層型組織中，必須要有聽從上級指示，照做交辦事項的員工，因此在高品質、大量生產的時代裡，需要長時間訓練員工。然而若是要孕育新穎的想法，這樣的組織便做不到。避免特別突出者的組織文化對結合異質元素的新想法（＝創新）來說，是個難以萌芽的環境。

不過另一方面，階層型組織具有實踐能力，也有凝聚基層的能力，可以好好運用此一優勢加強競爭力。雖然孕育新的想法必須要有異質元素，但要齊心協力執行組織決定好的事，還是一群同質性者較有利。

另外，找出基層的課題並逐項改善的方式，經受過日本製造業第一線的磨練，至今仍具有競爭力。日本企業白領階級的生產力在國際間的評比雖低，但製造業的生產力卻相對地高。

也就是說，只要將權限轉移給已經習慣產出創新的環境、且具執行力的基層部門，日本企業就有足夠能力與世界抗衡。未來，會更加需要能夠活用「基層能力」這項優勢的組織架構。

共享情感的必要性

公司內部若沒有共享資訊，在溝通時就會發生問題，不滿及不安也會高漲，因應這種情況出現的，正是ＩＴ工具「群組軟體」。能夠與同事共享行程、利用電子郵件或即時通訊軟體讓溝通更順暢，也可以進行合作、共同編輯資料等。工作方式改革使得更多人投資這類ＩＴ工具，成為理所當然的趨勢。

不過未來更需要的是共享情感。要連結自我意識較高的同事提高執行力，讓擁有各種經驗的多元成員通力合作創造新事業，就必須共享各自抱持的情感，並產生共鳴。即使無法明確視覺化喜怒哀樂，但只要知道對方感受到快樂、工作價值感、滿意等正向情感，成員之間就會更容易團結，以組織角度來說，也更容易應對。

其中特別**應該共享的情感是「感謝」**。如同先前所述，有許多員工認為工作價值感在於認同及成就，特別是在公司內，彼此傳達「謝謝」這種感謝之情，對方就會感覺受到「認同」，而能夠和道謝的人一同品味「成就」。這種同感、內心的連結會提高團隊凝聚力，引導彼此合作解決複雜的課題。

超越EQ的JQ

想要吸引更多人加入，共同解決複雜的課題，創造出價值，就必須受人喜歡。在獲得他人同感、信賴的基礎下，人群自然會聚集到身邊，這種**「能夠號召他人的人」一般而言大多是「無所求的人」**。

不論累積了多豐富的經驗、專業度有多高、擁有多正確的資訊，只要有強烈利己心和虛榮心，別人就不會靠近；反過來說，能夠抑制利己心、無所求、抱持正義感、致力於實現社會應有樣貌的人，身邊就能夠聚集人群。

現在很重視專案領導者必須具備高ＥＱ（Emotional Intelligence Quotient＝情緒智商），不過我認為未來優秀的人才會聚集到具備超越ＥＱ的ＪＱ（Judgment Quality＝正義感，由《超越顧問：解決問題及創造價值全技法》（暫譯）的作者名和高司所提倡），也就是**能夠判斷什麼才是價值**的人身邊。

一九七〇年代的經濟高度成長期要求的是上級交代什麼做什麼的ＩＱ員工，這種ＩＱ員工是「頭腦聰明的人」，所謂的學歷社會就是由這些人組成。不過現今的社會不再需要只是照公司指令做事的人，而是要求員工自己想辦法解決課題，但光憑一己之力無法解決複雜課題，需要找更多的人一起想辦法，因此才會說ＥＱ是必要能力。

而未來則會更進一步，需要擁有ＪＱ才能在解決課題、發起創新時讓人們願意聚集到身邊。資本主義社會是個比較彼此靠著私利私慾能夠蒐羅多少財富的競爭社會，但是現在卻越來越多人認同人類不應互相爭奪有限的地球資源，而是返還自己獲得的利益，並使之循環。

因此，一般認為具有正義感、想讓利益循環流動的人們會形成一強而有力的社群，以結合追求利潤的舊有企業活動方式，發起能夠解決社會課題的創新。在成立專案小組時也是，我認為比起單純追求利益的領導者，想要追隨具有正義感的領導者的人會逐漸增加。

「個人有限公司」：你是否可以行銷自己？

我們現在採取的資本主義被認為是越成功越快邁向自我毀滅（提倡創新概念的經濟學者熊彼德）。高喊市場自由而凌駕社會共產主義的資本主義促進了市場的自由競爭，創造出強大的勝者，於全球發揮影響力，在原本應該自由的市場一步一步打造新的遊戲規則。

過去限制獨占市場的是國家，但他們卻越來越無力阻止跨越國境凌駕市場的跨國玩家，累積越多消費紀錄及檢索紀錄的企業，其競爭力也會隨之增加，造成只有一部分的企業能夠獲利，而且還是壓倒性地獲利。未來對這種情況感到不滿的人會越來越多，在民主主義之下，將強化導正貧富差距的法規，巨大的跨國企業會因為企業分割等方式被削弱了影響力。

當情況發展至此，壟斷市場的企業其體質會弱化，個人的能力會逐漸受到重視，**不屬於企業或國家的個人，才是工作方式改革的主角**。因此必須培養面對變化的應變能力，自律地進行經濟活動。

我認為這種工作方式被個別化、個人化，類似自由工作者的個人營業者會越來越多，而能夠接受個人營業者的企業也會逐漸增加，因此越來越有必要重新理解自己的價值，在市場上幫自己媒合。不依賴公司，而是將公司視為提升自我價值的舞台，沒有這樣的想法就無法應對變化，意即自己必須成為公司的老闆，思考該如何提高身為員工的自己的價值。只要能實現這點，就能夠長時間貢獻社會，感受到工作價值與生存價值。

未來薪水會提升的職業種類：設計師、資源整合者

五年之前，完全無法想像YouTuber會出現在熱門職業排行榜，成為讓人嚮往的職業。雖然因為ＡＩ的出現，即將消失的職業種類確實變多了，但是否也會因此產生更多的新職種？在二〇一九年夏天的這個時間點，我認為日本社會需要的職

業種類為以下兩種。

1. 設計師

自一九九〇年代後期開始，美國矽谷提倡「設計思考」這套激發創新的方式，設計師這個重要角色開始有了一席之地。

設計思考是一透過開發者、商務專家以及設計師三位一體產出創新的流程。考量到現在仍有各種新創企業以這種方式產出創新，因此我認為在某種程度上這是普遍的方法學。

不過可惜的是，日本屬於這種設計師職種的人極其稀少，未來在勞動人口減少之下，想要激發創新、發展經濟，就需要有創立公司、培育企業的文化，在這樣的情況下，優化市場的商務專家以及開發應用程式和服務的工程師年年增加，而居於其間平衡兩者的設計師卻很少。

差距會產生一切商機，因此在了解市場需求的商務專家，以及能夠透過技術本領實現想法的工程師之間，能為有市場需求卻未能在市場流通的產品牽線的設計師是不可或缺的。在日本，一提到設計師，就會被認為是室內裝潢或時裝的設計者，但我相信像歐美企業那樣設計商機的設計師，他們的價值將會穩定提升。

2. 資源整合者

這是二〇一三年發行的《資源整合者》（暫譯）一書中，SIGMAXYZ 合夥人柴沼俊一和前日經商業副總編輯瀨川明秀所提倡的新興職業種類、工作方式的概念。Aggregate 原本的意思為聚集，柴沼俊一將其定義為「短時間內集合公司內外部的多元能力、使之相乘，以不輸給市場的速度，創造出經過徹底差異化的商品及服務的方式」。裡面並說明資源整合者的特色，就是具備找出自己該做的事，自己開拓前路，不論身處何種環境，都能奮戰到最後的能力以及工作動力。該書也走在時代尖端，認為「將來一個人會在兩間以上的公司工作」，預測到了現在備受矚目的副業（複業）。

這麼說有些不好意思，其實我的名片上也放了資源整合者的頭銜，這是我閱讀該書後受到的影響。另外我到矽谷出差時，遇見擁有相同頭銜的印度個人營業者，也在一整晚的對談中獲得刺激。

至今我仍無法忘記他以充滿自信的表情說：「客戶的需求越來越複雜，難以捉摸，想要只靠一間公司解決一切問題實在是太困難了。集結必要的才能（能力），立即解決問題正是我們的任務。」

只要人資科技（HR Tech）這項資訊科技持續進步，便可以視覺化個人擁有的能力。在變化劇烈的時代，不能再浪費時間開會前會，而是必須迅速地解決複雜課題，而資源整合者正是負責瞬間集結能力、資訊、人……等必要條件的職業。能夠不受限於公司或組織的框架，自由大展身手，便是「能夠自己選擇工作方式」，這是我理想的目標。

屬於資源整合者團隊的我們的工作方式，大致整理如下。

資源整合者團隊的工作方式

任務	作業方式
工作委託	大部分都來自 Twitter 的 DM、Facebook Messenger 或 VisasQ。
調整行程	由 CASTER BIZ 的線上秘書管理行程，沒有實際見過面。
開立報價單、出貨單、請款單	由 CASTER BIZ 的線上秘書利用雲端服務 Misoca 開立報價單、出貨單、請款單。
招募成員	透過 bosyu 招募新成員，有時候也會用 Facebook。
與成員之間的共同作業	使用 Office 365 進行共同作業，如果需要對談就用 Teams 或 zoom 召開網路會議。成員的簡報可以從 Teams 觀看，利用 Trello 管理任務。
和成員開會	原則上禁止，只要看 Slack 或 Teams、Chartwork 就可以掌握各專案的進度。在我擔任執行董事的 CASTER，董事會議全部只靠 zoom。

與成員之間的意見交流	如果需要大家提供想法，就在網路上預約共同工作空間 Basis Point 的會議室，一起腦力激盪。
安排國內外出差、預約餐廳	預約接送、機票、新幹線訂票、飯店訂房都由 CASTER BIZ 秘書代勞，只需要在 Chatwork 上留言。搭乘計程車移動時則使用 JapanTaxi 透過手機預約。
連載或出版作業	原稿先以智慧型手機的錄音功能完成草稿，再請海外成員幫忙校正。線上秘書協助蒐集必要的調查資料，利用共同編輯功能記載於原稿上。
調查	客戶調查以網路問卷進行，由西雅圖的成員協助以 PowerBI 分析以及視覺化。
開發應用程式	透過對話而不是會議訂下應用程式的企劃，請名古屋的成員開發。
搜尋資料	兩個星期花大約十分鐘，Office 365 的 AI「Delve」會自動顯示我可能需要的資料，因此每天早晚各確認一次就好，大幅減少了找資料的時間。
海外專案	基本上交給當地的成員負責，對客戶的定期報告則透過 zoom 或 apper.in 召開網路會議。
市內移動	主要是腳踏車（公路腳踏車），輔以鐵路交通及計程車。我主要是騎腳踏車，也可以當作是比賽的練習。

合約書	和成員以電子簽章簽定業務委託合約，基本上也請客戶以電子簽章的方式進行。
顧客管理	以智慧型手機掃描名片後透過 Sansan 管理。因為和顧客管理系統（CRM，Customer Relationship Management）服務是連動的，所以我會在前一天設定好預約寄信，讓感謝信在隔天早上九點寄達。
業務活動	透過媒體主辦的演講、出版書籍或雜誌連載介紹「如何推動正確的工作方式改革」，之後就會有經由社群網站洽詢的顧問委託案。另外也有透過成員的人脈開發客戶，在業務委託方面，我們有成功獲得客戶訂單才支薪的業務人員。還有在共同工作空間認識的客戶也會委託我們。

第5章彙整

- 變化隨時在發生，因此需要的是能夠順應變化的工作方式
- 加入異質性成員解決複雜課題的模式會越來越普遍
- 不能只靠公司，還需要個人創造品牌的能力

專欄

線上秘書可以縮短百分之二十的工作時間

如果有不知道的事，比起自己查資料學習，詢問知道的人會更快，對吧？這和處理稅務就找稅務會計專員、生病就去看醫生是一樣的道理，交給專家會讓人比較放心。預約適合接待客戶的餐廳、年末所得稅精算、訂購花卉、更新網站等，委託有相關知識、經驗的人會比自己做來得快，因此我利用「CASTER BIZ」縮短時間，將效果最大化。基本上我們都是透過即時通訊軟體往來，所以從沒見過面。

舉例來說，各位在公司有沒有遇過會議室不敷使用的情況？利用「CASTER BIZ」，可以確認附近的出租會議室有沒有可預約時段，並請他們代為預約；另外他們也會代為調整面試求職者的日期，以及製作調查資料，還可以「製作專案管理工具的比較表」、「查詢工作方式改革相關獎勵的種類」等，這是「Alexa！」和「OK Google」的ＡＩ語音助理無法處理的範疇。

CASTER BIZ
tel.03-4405-7421
(平日9:00～17:00)
文件索取／查詢
由優秀的秘書協助繁忙的你
從日常雜務到專業領域，
比一般連絡工具更迅速應對各種類型的業務。
秘書
回信或調整行程等
日常瑣碎事項
人事
代為挖角或調整面試時間等
與人事相關的手續
會計
經費記帳或開立請款單等
與金錢相關的重要業務
經營網站
代為經營網站或製作素材等
與網頁相關的細項
線下業務
線上無法完全應對、
須在辦公室面對面處理的業務

CASTER BIZ 的服務內容　https://cast-er.com/

另外在想要將工作委託給他人時，會先製作作業手冊，或是預先做好作業行事曆，因此可以將業務標準化，或是找出沒有成效的業務。這是暫時停止自己的業務以進行思考的方式。

線上秘書也會幫忙購買消耗品或是下單製作名片。又例如，我會委託他們做這些事，以縮短時間。

- 預約餐廳（需求為酒好喝、不吃魚卵、有包廂的餐廳）
- 競爭者調查（北美相同行業的商務狀況）
- 彙整人事評鑑制度（其他公司引進能力

評鑑制度的實例）

- 將紙本票據輸入 Excel
- 開立定期的請款單以及已收帳款的銷帳作業
- 請對方到辦公室，掃描紙本設計圖以電子化
- 將會議錄音打成文字檔共享給整個團隊
- 初步回應來自公司網站或是電話代表號的詢問

服務不僅限於在即時通訊軟體上，還能請他們到辦公室等特定場所這點也很方便，我會請他們掃描大量的名片或收據，或是擔任講座會場的接待人員，有了這項服務，我才得以增加自由時間。他們也有為個人用戶推出的「MyAssistant」服務，大家一定要試試看。

第6章 各位經營者，現在正是應該改變的時機

週休三日又能提升員工薪資與業績，這才是幸福之道

平成時代結束迎來了令和時代，這三十年來有邁步向前者，也有停滯不前者。停滯不前的是日本的經濟成長，開啟平成年代的平成元年（西元一九八九年），日本緊追在美國之後，是GDP（國內生產毛額）排名世界第二的國家，其後被中國超越成為第三，然後國民平均GDP從第四名降到第二十五名。

企業的組織結構從三十年前開始就沒什麼改變，經理、部長、課長、股長、責任部長，再加上責任課長代理……課長說明結束後有部長說明，然後再請示本部長裁決，為此，耗費了大量時間在資料和會議上，會議室總是排滿了預約，這種企業的狀況不論過去或現在都未曾改變。

工作方式也幾乎沒有改變，無論時代如何變遷，上班尖峰時段人潮還是一樣多，就連颱風登陸東京時，車站還是擠滿了上班族，日本企業的組織和工作方式從三十年前就停滯不前了。

而確實邁步向前的是科技，例如平成元年行動電話的普及率僅有百分之零點三，但二〇一八年已達百分之一百三十三點八，原本一萬人之中只有三人擁有的行動電話，變成三人之中就有一人擁有兩台。其中隨著智慧型手機的普及，蒐集資訊變得更容易了，想要查資料時不用特地跑到圖書館，只要拿出口袋裡的智慧型手機，打開Google搜尋就解決了；想要學習西班牙文時也不用到書店，YouTube上到處都是教材。

只是資訊一增加，處理資訊的時間也就跟著增加了。大數據（大量的資訊）雖然對於預測未來很有用，但也加重了處理者的作業時間；收到的電子郵件數量也持續增加，造成總是被收發郵件追著跑的工作狂（工作中毒者）也增加了。

工業革命以後，科技的進步是受到資本主義的影響，「做得越好，就越會被要求還要更好」這種資本主義的思想徹底磨耗了工作者，應該很多人都有「技術已

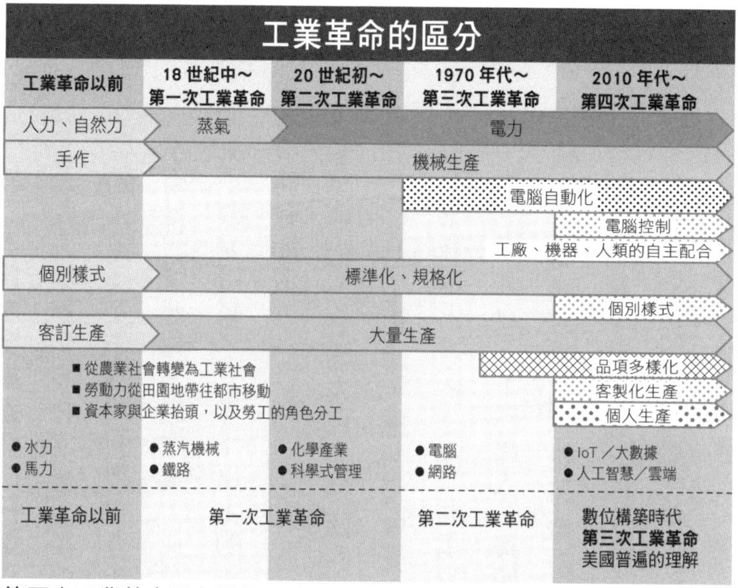

第四次工業革命正在發生，公司及員工能夠順應科技的變化嗎？

經這麼進步了，我們的生活卻沒有變得比較輕鬆」的疑問吧。未來ＡＩ帶來的工業革命，必須能夠同時支持人類的富足以及經濟成長才行。

處於高度經濟成長期的平成元年，世界時價總額排行榜上前二十名內有十四間日本企業入榜，展現了相當驚人的競爭力，引領全球經濟前進。然而現在的前二十名內沒有一間是日本企業，只有豐田汽車一間公司好不容易擠進三十五名。

國際競爭力已經下降了，日本企業卻仍不改變戰場（戰鬥領域）及獲利的方式。Panasonic 的創立者松下幸之助先生於日本**首次實施週休二日是在五十四年前**，其後因少子高齡化，工作年齡人口於一九九五年達到高峰之後年年減少，但是在週休二日之下，為了增加營業額而增加勞動人數及工作時間的獲利方式（商業模式），到了令和時代卻依然未曾改變。人手不足的情況越來越嚴重，長時間勞動卻因工作方式改革相關法案而受到限制。如果不改變持續了三十年以上的「增加工作時間以增加營業額的獲利方式」，日本經濟將會崩潰。

少子高齡化不會等人，二〇四〇年將迎來高齡人口的高峰。二〇四〇年的就業者與二〇一七年相比，推估將會減少百分之二十，意即六十歲以上的就業者為一千三百一十九萬人，比二〇一七年少了十萬人；十五歲到五十九歲減少了百分之二十五，為三千九百二十六萬人，**每四名就業者就有一人是六十歲以上**。

這種人口動態的變化也對聘僱制度產生影響，二〇一九年二月的有效求人倍率來到一點六三倍，是一九七四年以來的高峰；東京都內的有效求人倍率為二點一三倍，連續三十五個月超過兩倍，為一九六三年有紀錄以來最久的一段時間，幾乎所有求職者都處於受僱狀態，人手持續不足。現況就是即使想要增加員工也無法如願，只能靠目前的員工數想辦法完成工作。

厚生勞動省二〇一八年一月公布了二〇四〇年的就業者推估，日本經濟實質成長率為百分之零，根據試算，如果女性及年長者的勞動參與率無法成長，**與二〇一七年相比，將會減少百分之二十（一千兩百八十五萬人），來到五千兩百四十五萬人**。

若以產業類別來看，只有醫療及長照類增加，其他產業皆減少，至於製造業則為八百零三萬人，減少兩成。如果低成長且勞動參與又無進展，二〇二五年的生產人口將會降至六千零八十二萬人，與二〇一七年相比減少百分之七。人手不足的產業待遇不見改善，以及人員未流入成長業界這類「未適當就業」也必須處理；另外有一派論點認為，終身雇用制、年功序列薪資、企業內部工會等就業安全系統會抑制企業提高工資。

要在促進自由競爭的資本主義中提升經濟成長，必須一邊考量人口的動態變化，**同時改變以獲利為目標、手段的工作方式**，而因應上述的改變將成為企業存活下來的條件。

工作方式改革邁向第二階段

二〇一八年安倍內閣於改造之際，設置了工作方式改革的全責政務官一職，以實現「一億總活躍社會」目標（譯註：指每位國民都能在家庭、社區或職場發揮自己的能力），這被稱為是日本工作方式改革的起點。當初規劃的目的是讓工作者不減反增。需要育兒的員工，包括我自己也是如此，需擔負長照責任的員工處於「雖然想工作，但是在目前的制度下無法工作」的狀況。為了解決這個問題，現在透過制度及ＩＴ已經實現了有彈性的工作方式。我希望可以推廣無論身在何處都能工作的遠距工作模式給越多人越好，於是兼任了CASTER股份有限公司的董事，他們的目標為「致力於讓遠距工作成為理所當然的事」。

也就是說，初期階段為增加勞動人數（或是不要使之減少），即**改善工作的量**。

女性工作者增至兩千六百一十七萬人，勞動參與率超過七成，六十歲以上年長者的勞動參與率也提升至兩成，是目前最高值。尤其女性就業人口數在將近六年內增加了三百零三萬人，這是安倍首相計畫性地延續二〇〇五年第三次小泉內閣改造所設置「男女共同參與社會負責大臣」推動女性活躍於職場的成果，百分之七十的女性參與率超越了美國的百分之六十九。

不過可惜的是，想要再往上增加是件困難的事。雖然有些企業將年長者的二次雇用制度化，然而這只占了整體的數個百分比，無法期待在數年內會大幅上升，因此在工作年齡人口及勞動者不會增加的前提之下，改成努力提升員工的效率與成果，以及消除因低工資導致的未適當就業。這就是政府及多數企業正在進行的**第二階段——改善工作的質**，對象不限特定員工，而是所有員工。

改善質意指提高員工的人均成果，也就是說必須創造所有人都可以大展身手的環境。根據這些年協助各公司的經驗，我可以斷言**開發新事業以及人才培育**是特別重要的部分。如果不找出替代現行獲利方式的做法，那麼即使工作量減少了也無法提高獲益，所以必須創造新的夥伴關係或是新的服務等至今未曾有過的新事業。

再來是人才培育，必須讓員工學會未來所需的能力，才有辦法創造新事業，這不只是取得技術或技能的證照，還需要能夠驅動眾人的領導能力及溝通能力等人際技巧。

可惜日本企業的人才培育投資與全球相比明顯地稀少。日本企業每個月支出的從業人員人均教育訓練費用，二〇一六年為一千一百一十二日圓，比起巔峰時期的一九九一年（一千六百七十日圓）少了五百日圓（負百分之三十）以上。自二〇〇〇年開始縮減這筆人才培育的投資之後，日本的勞動生產力成長幅度跌至已開發國家中最低，人才培育費僅占GDP的百分之零點二，為美國的六分之一、德國的八分之一，相當悲慘。為了培養應對未來變化的能力，企業必須投資人才培育，第一線的領導者也應以身作則率先參加公司內部的研修。

為了分配時間給未來所需的開發新事業及人才培育，因此**需要「縮短時間」以停止目前缺乏效率的事**。縮短時間並非我們的目標，而是**一種生出時間的手段**，以確保我們有時間做上述的事。

不可以用減少加班便宜行事

政府及企業將目標認定為減少加班，會讓基層的員工無法接受，因為拚命提早完成工作的話，就不會有加班費，收入便跟著減少；而工作還沒做完卻被迫回

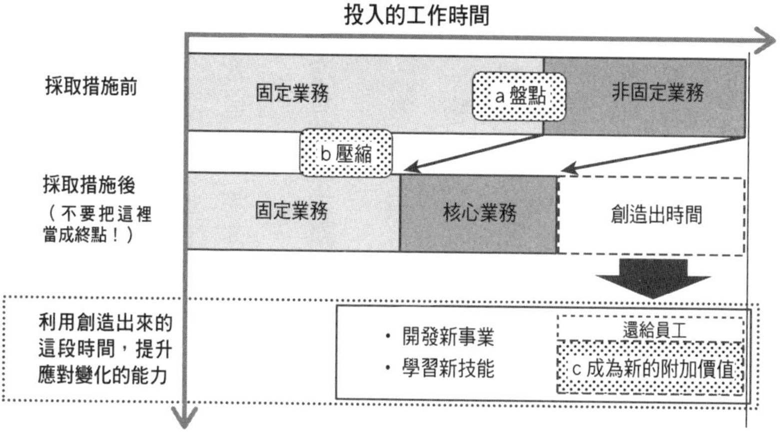

時間縮短不是終點，而是要重新配置時間

家，則會難以產出心中預期的成果，不但沒有成就感，獎金也會減少。員工在無法接受之下，自然會回到原本的工作方式。階層型公司培養的大企業員工各個聽話順從，只要晚上七點辦公樓層的燈一關，就會不情不願離開公司，但是又不能放著工作沒做完，結果在公司外的「隱形加班」便開始蔓延。

員工都會期望自己可以獲得長久的幸福，在大家紛紛喊出活到一百年的人生、延長退休時，依然希望能夠幸福快樂到老，也希望能夠提高工作薪資。從占去人生大半時間的工作時間中感受到更多的幸福感，這種工作時感受到的幸福就是**工作價值感**。

工作價值感會在做出成果、受到肯定時

最大化，因此必須讓自己能夠在擅長的領域中發揮能力。為此，就需要**①培養能夠發揮的能力**，以及**②獲得或給予能夠發揮該項能力的機會**，這兩個要素。減少現在花時間做的事，將時間**重新配置於創造①和②的新附加價值上**，能力越多元、選項越多，應對變化的能力越高，越能大展身手。確保有①的時間，將②的機會化為實體，就是時間管理的目的。

世上沒有散散步就能抵達富士山頂這種事

大家冷靜想一想，工作方式改革並不是富士山山頂，工作方式改革不是目標，而是一種手段。各位經營者應該鎖定的山頂，是公司的成長，以及讓員工感到幸福，同時兼顧公司的成長以及員工的幸福這兩者才是目標。「若為了達到這個目標，因此需要改變工作方式的話，那就來改變吧」，各位不認為這才是「工作方式改革」嗎？

然而卻有很多人誤以為富士山的山頂是進行工作方式改革這件事，然後就開始做了，結果發生什麼事呢？改變人事制度、引進育兒長照制度與在家工作制度、增加ＩＴ、ＡＩ引進雲端……但是不論制度或ＩＴ，員工的使用率都未達兩成，這才是現實狀況，失敗的企業錯將手段當成了目標。

「什麼是成功的工作方式改革？」如果不釐清這點，就無法到達那裡。世界上沒有在附近散散步，回過神就發現抵達富士山頂這種事。明訂目標、以言語清楚表達，這樣基層員工才會意識到這件事，如果只是「總之我們去爬山吧！」沒有辦法驅動員工，「我們以那座山頂為目標，一起去爬山吧！這樣就會發生〇〇好事」，提出願景鼓舞基層員工，這才是經營者的工作。

調查與案例的陷阱

二〇一九年一月，厚生勞動省的勞動統計被爆出竄改醜聞，有二十二人受到懲處，以這份資料為基礎計算的就業保險及職業災害保險因此發生給付金額不足的問題，大約影響了兩千零一十五萬人。

在各種的資料中，經常見到本身的可信度不足，還有很多是基於特定目的而製作出來的資料。例如總務省及經產省實施的「二〇一八遠距工作日」，主辦單位公布有一千六百八十二個團體、超過三十萬人參加，相較前一年，參加團體增加了一點八倍、參加人數則增加了四點八倍。東京都知事小池百合子及經產省的官員們都參加了這個活動的開幕式，媒體報導也指稱活動本身很成功。因為組織的上層及國家的責任機關都參加了，我們就覺得這是個熱鬧的活動，這是源於英雄效應這個先入為主的觀感（心理上的偏頗）所導致。

看起來活動好像受到很多企業贊同並參加，但光是東京都內的公司企業數就有一百六十三萬間，相較起來，參加遠距工作的企業卻只有八百六十間，意即參加的企業只有百分之零點零五。雖然確實難以定義什麼樣的標準算是成功，但也有很多案例是將調查結果用於引導風向往特定方向吹，或是為了發起特定行動，於是刻意抽出有力的資訊。

這在工作方式改革成功的企業案例上很常見，尤其是ＩＴ企業，經常為了販售自家的服務，因此引用外部的調查數據或是自己公司的獨立調查結果，來行銷自家的服務。當然在做像工作方式改革這種新事物時一定會有缺點，但若優點壓倒性地大過缺點的話就應該義無反顧去做，不過如果接觸到的資訊都是人為刻意製造出來的限定資訊，那就沒辦法做出正確的決定了。

假如需要引用數據的話，應該從更多元的資訊來源處取得。另外，若要參考其他公司改善措施的案例，不要只看光鮮亮麗的成功案例，而是看有哪些失敗案例，他們從中學到了什麼，參考這種經驗去學習的例子才會有效果，因為第一次嘗試就成功的企業僅占極少數，而從各種苦頭中學到的經驗可信度比較高，也更具效果。

例如ＲＰＡ（Robotics Process Automation）為自動執行業務的ＡＩ服務，被視為是解決人手不足的王牌而大受矚目，提供服務的供應商也持續增加，媒體報導了其中縮短了三十萬小時、節省一百億日圓成本的成功案例，我們公司的客戶中，也有許多企業正在引進ＲＰＡ服務。

不過現實是成功案例很少。業務未經定型化，因此可引進ＲＰＡ的領域有限；在不變動現有的業務下引進自動化機器人之後，卻發現自動化機器人數量比預期的多，為了管理那些機器人反而耗費更多工作時間……都是可能遇到的問題。

引進ＩＴ不但可以提升企業品牌，也可以做為主管部門的績效，但另一方面，失敗案例卻不會被公諸於世，因為公開這類不順利的案子無論對使用的企業或供應商都沒有好處，也就理所當然地隱而不宣了。不僅如此，在不少公司裡，IT部門至今仍屬於負面評價部門，失敗案例更加容易受到隱蔽，那就更別提在活動或是網路上對外公開了。在這樣的情況下，只有成功案例容易獲得公開，如果不了解這樣的實情就到處蒐集案例，很容易就掉入偏頗的資訊陷阱中。

不要相信會在半夜寄郵件的顧問

我之前就對推動工作方式改革的做法抱有疑問。協助業務效率化的數間大型顧問公司卻工作到深夜，半夜一兩點還在發郵件給客戶。我認為如果自己不能在更短的時間內提出更多的成果，那就沒有資格擔任顧問。

你會請教不會打棒球的人怎麼接球嗎？就算理論再正確，如果無法實行就不會有效果，既然想獲得提高生產力的建議，那就去問生產力高的人吧！若是想得到工作方式改革的建議，就找可以實踐工作方式改革的人，擁有這麼多第一線經驗的我，不會去請教沒有第一線經驗的人或是無法實踐的人。

當我還在微軟任職時，有將近六十萬人參加了品川辦公室之旅，他們不是來看漂亮的家具或是ＩＴ機器，而是來看「工作價值感名列前茅的微軟員工工作時是否充滿活力？其做法為何？」

二〇一七年離開微軟之後的兩年間，我訪談了八百二十六位決策者（手握預算的人），回答依靠感情作決策的人多達百分之五十六，而回答只憑數字或資料作合理判斷的人僅有百分之十八。客戶之所以選擇我們這種無名的小企業，而不是擁有全球實績、又有品牌的大型顧問公司，我想大概是看中了我們第一線的經驗、是否真正實踐，以及成員們充滿活力元氣地工作的樣子。我們極力想避免的，就是高談理想論然後就結束了的情況。

想法不可能馬上改變

經營階層為了以長遠的眼光永續經營公司，隨時都保持著危機意識，也因此會激勵員工必須先改變想法再改變行動，以克服劇烈的變化，但是基層員工的想法可沒那麼容易改變，若想等待員工的想法改變，可要花上五年，不，十年的時間，這麼長的時間耗下去，就只能被變化甩在身後了。

當然改變想法是必須的，上位者的鼓勵也有必要，只是如果要快速改變想法和行動，那麼就**需要先改變行動，然後再回過頭審視該行動，讓員工覺得「沒想到還不錯！」，察覺到原來自己想法已經改變了**，這就是我透過十六萬名客戶實驗所得出的答案。

赫茲伯格激勵保健理論

美國的臨床心理學家弗德瑞克・赫茲伯格研究了動機的性質與讓人充滿幹勁的方法，他以研究結果為基礎，提倡「對工作感到滿意的因子與感到不滿意的因子完全是兩回事」，意即就算去除了工作上的不滿意因子（保健因子），也不會因此轉變為對工作感到滿意或是產生動機。

這裡所稱的「保健因子」是指一旦受到侵害就容易啟動防衛本能的因素，是反彈的根源。這股反抗力量的存在非常稀鬆平常，如果經營階層只顧著開會，而不關心市場與顧客，那麼反彈就會發生，這樣的例子並不少見，但即使去除了這個不滿意的因子，對於工作價值感也不會產生影響。也就是說，上位者該推動的並非消除不滿的政策，而是必須做能夠增加員工愉悅的事。**即使解決了員工的不滿，他們的動機也不會因此提高並起身行動。**

第6章彙整

- 要清楚區分目標與手段
- 時間縮短不是終點，要將因時間縮短產生的時間用於投資未來
- 先改變行動，再讓員工發現他們的想法已跟著改變

第7章
百分之八十八的失敗企業

截至目前，我已接觸了五百二十八間公司，在和每一間公司第一次面談時，我一定會問「你們的工作方式改革成功了嗎？」其中回答「沒錯，我們成功了」的公司只有百分之十二；換句話說，代表有百分之八十八的公司回答不成功，對於沒有任何媒體報導這個現實情況讓我感到無比驚愕。

我認為應該要究其根本原因，因此選擇了深入研究「為什麼不成功？」而不是「該怎麼做才能成功？」。失敗絕非壞事，相反地，從失敗中可以學習到更多東西，至今我仍相信失敗是成功的必經之路。

「失敗是一門藝術，也必須是一場冒險。你要相信，才能從中誕生出某些新的東西。無論什麼發明，都是背負著風險而生，所以我們必須擁有選擇冒險的勇氣。」

詹姆斯 · 柯麥隆（加拿大／電影導演）

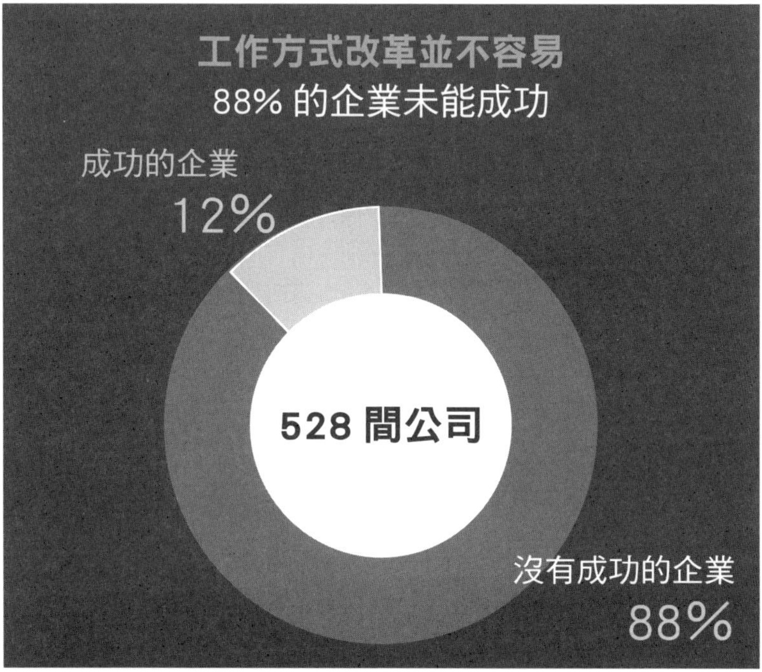

528 間公司的調查結果：有 88% 回答工作方式改革未能成功

友善的工作環境與工作價值感的差異

如同先前說明的赫茲伯格的理論，消除保健因子不會帶來滿意，意即這些因子並不是在工作上促進滿意度的要素，它們在本質上只是擔任防止對工作感到不滿的角色，道理如同即使衛生狀態良好，光只是這樣仍無法促進健康，但衛生狀態一旦有缺陷，就會引發疾病。赫茲伯格稱這些保健因子為「不滿因子」或是「保全因子」，即使這些因子都充足完善，員工也只會感到某種程度的滿意，不會因此產生想讓自己本身或業績更好的工作價值感或動機。

因為近年來工作方式改革蔚為顯學，投入在硬體改善及員工福利的企業跟著增加了，像是免費提供午餐、會議室的椅子突然變豪華了、辦公室的玄關變漂亮了……由於增加僱用社會新鮮人，或是從其他公司跳槽而來的即戰力越來越困難，因此現在有許多公司無不絞盡腦汁思考該怎麼讓現有的員工充滿活力，想盡辦法不讓員工辭職。這時候我著眼的是工作環境的友善程度。我們必須協助「想要工作卻無法工作的人」，確保他們受僱，如果工作環境不夠友善，像我這種需要照顧家庭、支援長照的人就無法工作。

不過，只有友善的工作環境，社會無法成長。美國蓋洛普公司發表了一項調查結果，顯示光靠員工福利及優待並不會改善員工的幹勁（蓋洛普的調查：二〇一八年一月至六月間向美國三十三萬六百二十八名於企業全職或計時工作的人進行調查）。事實上，我每個月也都會接到企業來諮詢「我們已經完備了員工福利及人事制度，但離職率仍然沒有改善，該怎麼做才好」的案子。友善的工作環境雖是必要的，但這通常與兼顧公司成長及員工幸福無關。

友善的工作環境和工作價值感在意義和效

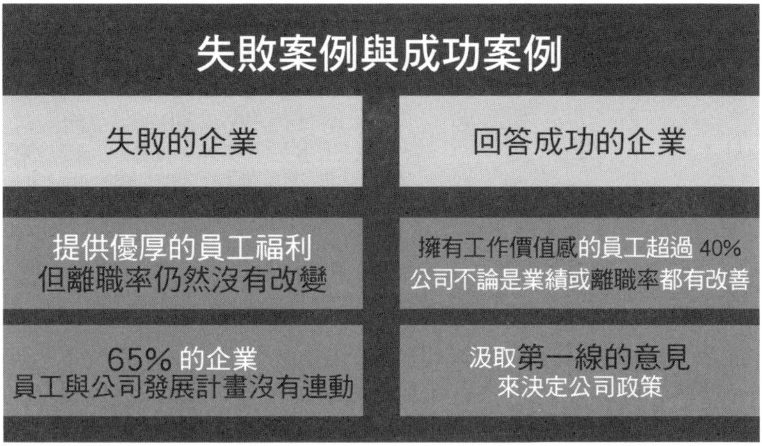

失敗的企業	回答成功的企業
提供優厚的員工福利 但離職率仍然沒有改變	擁有工作價值感的員工超過 40% 公司不論是業績或離職率都有改善
65% 的企業 員工與公司發展計畫沒有連動	汲取第一線的意見 來決定公司政策

失敗案例與成功案例的比較，目標應放在「工作價值感」上。

果上都不相同，工作時感受到幸福，這個才是工作價值感。感受到工作價值的員工比起沒有感受到工作價值的員工，以生產部門來說，其工作效率高出了百分之二十五；以業務部門的業績來說，相差高達一點六倍，不僅對業績有所貢獻，自己也感受到了幸福。感受到工作價值的員工如果占比超過全體員工的百分之六十，離職率就會大幅降低，營收增加的機率則提高百分之五十二。因此經營階層的目標不只是友善的工作環境，還要放在工作價值感上。

強迫縮短工時，降低工作動力與營業額

許多企業將目標設定在縮短工作時間，自從二〇一九年四月開始實施工作方式改革相關法案之後，為了遵守法規，有必要採取守勢，不讓員工違法加班，但若只是不加班，公司的業績和員工的工作動力都會下降。

在五百一十六間公司的調查結果中，有百分之三十二的企業每週會有一次以上，到了一定時間以後（晚上七點或八點）將整層辦公室同步關燈，其中回答「員工的想法因為同步關燈而改變了」的企業只有百分之十七。而從進一步調查中得

知，這百分之十七的成功關燈企業中，有百分之七十八是「開始同步關燈後未滿六個月」，因此也許在短時間之內可以看到某種程度的成果，但實行同步關燈兩年以上的企業，只有百分之八回答「進行得很順利」，看來這似乎不是個應該繼續實施的政策。

追根究柢，如果不解決造成長時間工作的根本原因，就沒辦法早點下班，在要求每年業績成長的同時，還要追求縮減工作時間，那就必須找出和過往不同的工作方式才辦得到。同步關燈也許是個讓員工早點回家的契機，但工作若沒有完成實在很難回家。

咖啡廳人潮洶湧，文件忘了帶走

若說到沒有解決根本問題就同步關燈會發生什麼事，其實就是會造成辦公室附近的咖啡廳人潮洶湧。本公司的員工在東京和大阪的主要商辦區繞過一圈之後，確認晚上七點開始，使用筆記型電腦工作的人一口氣增加了不少，而且還是帶著大量的文件在狹小的座位上工作。這樣的景象我在不同的地方見過好幾次，還遇過兩次當事人將文件留在位子上就回家了的情況（後來由本公司的員工送還給當事人）。咖啡廳人潮洶湧的時間和附近辦公室關燈時間有其相關性，如果沒有推行早點完成工作的方法，只是關掉辦公室的電力，那麼工作沒做完的員工就會改到附近咖啡廳綁手綁腳地工作。

沒有深入思考「為什麼」會發生長時間工作，而是想著「該怎麼」減少加班，因而依賴這種短視的解決方法，反而導致生產力下降。這讓我再一次認知到，僅是表面的對策，卻沒有從根本解決問題的方法可說是毫無意義。

相信只要好好管理員工，工作就能順利進行

工作方式改革相關法案實施後，管理者不得不開始檢查屬下的工作時間。企業開始推動**工作方式改革**：以人事部門為中心，徹底管制加班，而經營階層的幹部什麼制度也不改變，只是向基層下達指令「不准讓營業額減少」。經營階層幹部過度相信從昭和時代開始流傳的「報告、聯絡、商量」三部曲，以為只要讓屬下強制做到這三件事，一切就會進行地很順利。即使到了令和時代還是所在多有，只要業

績低迷就強化管理，強制要求日報與開會進行質問，於是因為這種來自上位者的責問而失去自信、害怕被罵所以隱匿不報、只做上級交代事項的被動員工也就增加了。員工一旦變得被動，無論是思考或行動的品質都會降低，導致無法脫離困境；而因為困境沒有改變，上位者又加強管理，導致屬下採取了更保守的態度，結果是否陷入了這樣的負面循環之中？

好好管理員工就會提升營業額，在昭和的物質消費時代才管用，那是個只要靠廣告就能把研發室裡誕生的產品賣出去的時代，但在現今講求消費體驗，客戶買的是感受，這個需求已經變得太過複雜難以看清，因此大眾追求的是「花心思的銷售方式」，他們要的是運用創造力開發新的商品、營業方式及供應的方法。

想達到這個要求，就必須提升思考的品質以及行動的品質。**上司和下屬必須一起**探索顧客喜歡什麼不喜歡什麼，以過去的反省和經驗為基礎創造出新提案，避免重複相同的失敗。這個時代需要的，是能夠減少製作報告或公司內部報告會議等間接成本，與下屬同行，一起思考、行動的管理者，「你只要照我說的去做就夠了」已經不適用於這個時代。

引進最新的AI，反而要加班

無論IT或AI都只是一種手段，並不是解決一切的魔法。如果不是在發現根本原因後正確引進，就不會產生效果。日本有各式各樣看待AI的方式，例如AI會搶走工作因此敵視它，或是彷彿只要引進AI一切就能迎刃而解因此將其權威化。

尤其是由AI機器人自動處理業務的RPA（Robotics Process Automation）受到矚目，各種詢問紛紛湧向供應商。為了制止員工加班所以活用科技代替他們進行作業的想法並沒有錯，但是科技並非萬能，需要經過仔細思考，適才適所引進才能促進省時。

在訪問過六十八間企業後，超過半數都將「引進RPA」當成目標，我想其中有許多企業是以資訊系統部門為中心，再召集各部門的員工，於公司內進行專案，但六十八間裡只有五間回答「進行得很順利」。雖然各類網站或是專業雜誌中介紹了眾多RPA的成功案例，但這些不過是冰山一角，多得是引進了AI但卻沒有得到預期成果的企業。

引進ＲＰＡ後特別顯著的問題是無人管理的機器人。上位者要求各部門製作自動化機器人，但卻沒有一套檢修運用的規則，因此各部門都有不受規範的機器人存在，即使發生異常導致工作出問題，也沒有人進行管理。此外，有一些企業為了解決無人管理的機器人，會配置專責人員監督這些機器人，結果明明是為了減少業務量才引進ＡＩ，反而增加了人員的工作量，這類迷失方向的案例全國各地都在發生。

為什麼事情進行得不順利？深入了解其根本原因後，可以歸納為以下三點。

1.目的與目標、責任範圍不明確。
2.想要直接套用ＩＴ完成現在的業務。
3.一味關注做不到的事。

世上沒有散散步就抵達富士山頂這種事，因此必須清楚以言語表達ＲＰＡ的目的讓員工理解接受，而目標要盡可能以數值呈現做成指標，這麼做的用意是以定量的方式決定事情達到什麼狀態算是成功。就像員工在工作時有工作規則要遵守，ＲＰＡ也需要運用規範，什麼樣的情況下製作機器人、什麼事不能做、誰是負責人，都要明文規定。

另外，許多企業原本就有依靠某個人的感覺在做事的工作方式，導致其他人無法接手，調查二十八間公司後，大約有百分之十八的業務是這類「依賴某人感覺的業務」，如果不解決這個狀況，就無法引進ＡＩ，那個人也無法休息。因此至少要將該工作的流程（業務流程）視覺化，做成一份工作手冊，即使很簡易也沒關係，這樣才能將工作交給其他人，這是在引進ＡＩ之前第一線人員應該整理的部分。

然而現況卻不是如此，為了將未經過標準化的業務交給ＩＴ處理，結果逐漸改變該產品原有的標準樣式，最後因為功能增加了價格跟著提升，使用起來也不再順手，變成要精通新的使用方式，而維護、檢修越來越困難。百分之八的成功企業所實行的是配合ＩＴ將業務標準化，盡可能不做客製化，專注在如何讓使用者習慣使用方式，而不是拘泥於讓使用者方便順手。

首先請各部門仔細清查業務，了解哪些地方要引進ＡＩ、哪些地方不用，這時候需要的其實是低科技作業，邀請第一線的利害關係人舉辦工作坊，仔細盤點「這個不要了」、「這個要繼續」之後，就能夠很順利地知道「這個地方要引進ＡＩ、ＲＰＡ！」，建議大家先從這一步開始做起。

那麼，從失敗案例與成功案例中學到、可以做出成果的ＲＰＡ引進方式究竟為何？那就是以下五個步驟。即使到了第五步驟也不是結束，而是要透過定期檢視，將固定業務多多交給ＡＩ，一步步修正規範以避免發生運用上不合宜的地方。藉由這個方式，四間公司中有三間縮減了百分之十二的工作時間，達成當初設定的目標；而另一間則是順利進行中。請第一線人員也務必使用這樣的觀點重新檢視業務，和資訊系統部門合作，正確地將工作自動化。

步驟一　整理業務流程

- 請實際經手業務的承辦人將業務內容和流程寫在影印紙上視覺化。
- 透過和其他承辦人的Ｑ＆Ａ掌握細節，消除不清楚的部分。

步驟二　決定要捨棄的業務

- 請各部門的代表人參加，在步驟一之後找出重複的業務。
- 一定要選出超過一個其他部門看來效率不佳的業務，比較一下捨棄這項業務的優缺點。
- 請各部門的負責人在自己的判斷之下決定超過一個可以捨棄的業務，並向大家宣告。

步驟三　找出固定業務

- 選定不必憑藉人的感覺就能完成的業務。
- 選定可以將業務流程做成工作手冊的業務。

步驟四　業務標準化

- 配合ＩＴ工具（包含ＲＰＡ）重新設計步驟三中抽出的固定業務的流程。
- 檢視整體流程，再次確認沒有多餘的地方。

步驟五　將固定業務交給ＡＩ

- 決定要讓ＲＰＡ執行的工作（例如：謄寫資料、蒐集資訊、擷取郵件關鍵字等）。
- 決定累積的資料管理規則（例如：一定要存在雲端、自動與其他部門共享等）。
- 決定機器人的開發、運用、協助規則，並將該規則視覺化，由資訊系統部門及人事部門管理。

最後請將ＲＰＡ視為勞動者，而非科技工具。目前的第一線因為人手不足，所以要求公司增加員額，而人事部門則多以聘僱或是轉換人員配置來因應，但在就業人口一路下滑持續減少的後平成時代，除了人以外還必須使用ＡＩ來填補空缺。過去由管理員工職務經歷、業務能力、技能的人事部門想辦法補足不夠的人才及能力，而未來要以同樣的概念管理ＡＩ，並依循公司整體策略考量如何配置。

ＩＴ**不會改變工作方式，而是在改變工作方式時**ＩＴ**能夠派上用場**。在接觸過許多企業之後，我可以感受到很多企業願意投資在硬體面或物品上，他們陷入了一種中樂透般的幻想，彷彿只要引進最新ＩＴ，美好世界就在眼前。科技並非創造人類未來的法寶，而是第一線員工在創造未來時科技會是一項必要的工具。

成功自動化業務的步驟
步驟一　整理業務流程
步驟二　決定要捨棄的業務
步驟三　找出固定業務
步驟四　業務標準化
步驟五　將固定業務交給ＩＴ

導致失敗的三大原因

許多企業糊裡糊塗地開始，結果事情不知不覺變得很麻煩，造成經營階層與基層漸漸離心，於是就趁著會計年度轉換時默默地偃旗息鼓，其中的原因可以概括成以下三點：

1. 沒有訂定成功的定義

許多企業沒有訂定工作方式改革或時間管理成功的定義，他們只是糊裡糊塗地開始，在不明所以的狀況下嘗試，只要有人提出「好像不太順利」就也跟著這麼認為，然後不知怎麼地就結束了。如果不先釐清要爬哪一座山，無論腳力再怎麼健壯，都沒有辦法抵達山頂。

請設定一個定量的目標，訂定什麼時候要達成什麼事。然後縮短時間並不單純只是人事部門勞務管理政策，而是公司的經營策略，工作方式改革（包含縮短時間）的目標和經營策略（至少要是中期規劃）及其定量目標必須能夠連動，如果沒有連動，兩年之內放棄改革的可能性便會高出三倍以上。

2. 搞錯目的與手段

改變工作方式只是手段之一，所以不能因為公司正在進行工作方式改革就因此感到滿足，這就像目的明明是成功通過考試所以才到補習班上課，結果一坐上補習班的椅子就感到安心然後睡著了一樣。不論戰術（手段）多出色，若迷失了戰略

（目的）便永遠抵達不了終點。ＩＴ和人事制度都只是手段，並不是引進這些東西工作方式就會改變，而是在改變工作方式的過程中，會需要這些東西的輔助。

許多失敗的企業都是敗在錯將引進ＩＴ或制度當成是目的，就像先前舉的ＲＰＡ的案例，如果用起來不熟練，就不會有效果，這樣就沒有意義了。無論是在家工作制度或以小時為單位休年假的制度，如果管理者面露不耐，或是本人太過意周遭的眼光，那麼就不會有使用者。事實上，兩百八十間失敗的企業中有百分之八十一具備最新的雲端服務，但員工卻用不慣；而有百分之六十五的企業回答公司文化讓他們難以請假；另一方面，明確訂定想要透過工作方式改革達成什麼目標的企業中，有百分之七十八回答「我們公司的工作方式改革是成功的」，成功率比沒有這麼做的企業還要高出三點七倍。

3. 深信有萬靈丹而不停尋找

這是一種誤以為只要模仿其他公司輝煌的成功案例，前方就會有瑰麗未來等著自家公司的模式。他們以為只要引進高價的ＩＴ，大部分的事自然就會解決，而相信只要支付高額費用給大型顧問公司，一切就能夠順利進行的幻想型企業也是屬於這種模式。我也經營了一間顧問公司，所以不能說些不負責任的話，但是各位必須將改革當成是自己的事、自立自強才能順利進行。顧問的立場是協助客戶改造肉體的訓練師角色，他們沒有仙丹妙藥能在瞬間打造出強壯結實的肌肉體格，不自己落實訓練就不可能長出肌肉，公司及員工是否具備這樣的決心非常重要。

第7章彙整

百分之八十八的企業失敗的三大原因

1. 沒有訂定成功的定義
2. 搞錯目的與手段
3. 深信有萬靈丹而不停尋找

您的公司是否有這些狀況呢？

專欄

性善論或性惡論：與其報告聯絡商量，不如聊天和討論

要求提出週報的十一間企業中，有九間表示以前就有這樣的規定所以就繼續這麼做了，很明顯可以看出他們將提出週報這件事當成了目的，還有一個理由是如果不這麼做員工就會偷懶。一般來說，如果站在性惡論的立場進行工作方式改革的話，管理成本就會增加，若以懷疑員工是不是在偷懶的方式來管理，在家工作當然就會增加很多為了報告而做的資料和會議。如果嚴格管理員工可以提升業績自然是很好，但事實並非如此，在本公司的匿名問卷調查中得知，在家工作時會偷懶的人，即使在辦公室工作也會偷懶，就算是在辦公室他們也在看 YouTube 或玩遊戲。

想要打破這種情況，就應該明確定義職責，並改變評價制度。嚴格管理不僅不會減少偷懶的人，反而會造成優秀的人工作動力下降。如果想從第一線吸取重要資訊，那就增加對話而非會議。請試著建構下屬可以輕鬆找上司

討論的關係，需要創造的是一種透過聊天和討論，資訊就會自己浮現的環境，而不是透過報告、聯絡、商量（菠菜法則）。

Panasonic 的 Connected Solutions Company 社長樋口泰行先生也禁止週報，鼓勵上司與下屬對話，建立了新的企業文化，也有員工表示「在 Panasonic 工作超過十六年，現在這樣最好」。成功的企業對於該捨棄的東西會提起勇氣捨棄，取而代之的是提高對話密度以提升員工的工作價值感。

第8章

百分之十二的成功企業

成功企業都在做的五件事

這一章，我要介紹百分之十二成功企業都在實踐的事以及觀念，大部分都意外地簡單且容易模仿。

1.質量並重

如同第六章所說明，工作方式改革在進到第二階段後，會出現只挑戰量的企業，以及兼顧挑戰質的企業，經過詢問雙方是否成功之後，似乎還是改善質的那一方比較容易成功。只改善量的那一方順利進行的比率為百分之二十二，而改善質的那一方有百分之六十二的公司進行得很順利，也許是因為短期間內質的改善比較容易出現效果，不過前提當然還是要先訂定好成功的定義。

2.專注於利而非弊

開始一項新的事物時不可能不產生缺點，不論是在家工作或活用ＡＩ都有缺點，但如果因為有缺點就抗拒，便無法順應變化。

而毫無例外地，成功的公司其經營者都將目光放在優點上，抱持著決心實施政策。若遇到保守派針對每一項決定都要用「那個不行啦」、「已經有了這個所以不行啦」表示反對，就切換到有建設性的對談模式，「請他們提出建議」，沒有建議的否決不過是抱怨。

不要做消極的爭辯，而是進行「想要推動這個的話，這麼做如何？」、「好，來做吧！可能會遇到反彈，但還是來做吧！」這種可以向前進的討論。如果優點夠大，即使承擔一些風險也應該去做，因為在劇烈的變化中，「什麼都不做」的風險更高。

3. 將員工視為經營資源

對於業績成長有貢獻、自己也感受到幸福的「擁有工作價值感的員工」，無論是對公司或是對員工都是非常良好的狀態。不過為了感受到這份工作價值，將員工配置到可以活用其能力的位置極為重要。當然調動部門裡優秀的員工可能會導致業務進行不順利，但請將適才適所配置員工這件事看成是有效活用員工這項會帶來業績的資源，應該要推動職務調動（工作輪調）。

如果難以從公司外引進人才，那就更應該著力於培養新技能的教育訓練，以及為了消弭期望職務與能力和現職不符而進行的公司內部調動。成功的企業整個公司有百分之八以上的員工都曾經歷內部調動。

4. 將工作方式改革納入經營策略的一環

工作方式改革不是人事政策，而是為了克服時代變化的經營策略，必須納入中期經營計畫等公司的規劃中。如果沒有在經營策略中明確描繪出目標人物形象，明文公告為什麼非改變工作方式不可，就無法獲得員工的理解認同。

百分之九十的成功企業都將工作方式改革規劃在其中期經營計畫中，而失敗的企業中只有百分之三十五納入經營計畫。該怎麼好好活用人、時間、資金，這種讓公司成長、員工也感到幸福的手段才是經營，縮短時間的目的必須是活用人的時間才行。

5. 作好失敗為成功之母的心理準備

有一種文化是允許挑戰，且比起失敗本身，未能活用從失敗中習得的經驗更會受到責怪。成功不會永遠持續下去，失敗也不會永無止境，我們需要的是理解這兩種情況都會發生，反覆將從失敗中習得的經驗應用在下一次的挑戰，一步一步來提升成功率。

成功企業的行動量大，他們知道只要持續從失敗中反省學習經驗，並活用到下一次行動的這一套循環，就能夠改良不足之處，越來越接近成功。工作方式改革需要的是理解失敗是邁向成功的過程，以及不責怪失敗的文化。

第8章彙整

百分之十二的成功企業都在做的五件事

1. 質量並重
2. 專注於利而非弊
3. 管理者將員工視為經營資源
4. 將工作方式改革納入經營策略的一環
5. 明白失敗為成功之母

專欄

建議：經營管理階層更應該接受改革

「利用一張紙」模式召開董事會議

在我接觸的五百二十八間企業中，有兩百間以上的企業在意董事會議的準備時間及其效果，經過個別訪問及分析其中的二十六間後，得知為了召開一個小時的董事會議，需要花費七十至八十個小時準備，還有一項關聯性是員工數越多，準備所需的時間就越多。

其中花在製作資料上的時間為整體準備時間的百分之四十五，占壓倒性的多數；第二名是向上司、長官或特定董事做事前說明的時間（包含敲定行程的時間）為百分之三十三；而蒐集董事會議必要資訊的時間（多數會議為聽取下屬報告資訊或數據）為百分之二十。

由此可知，只要聽取事前說明的上司、長官或董事越多，製作資料所需的時間就越長，這是因為資料拿給課長看，課長會說「加入這份數據」；向部長說明時，部長表示「這部分說明不夠清楚，再加一點解釋」；到了本部長那裡，本部長要求「也加入其他公司的案例、把結論放到開頭」；最後上呈到副社長時，副社長指示「資料再做簡潔一點」，這種來回修正資料排版設計的情況越多，製作時間就拖得越長。

因此我讓十一間客戶使用了豐田汽車及我曾在職的微軟都採用的「A3尺寸一張」（俗稱一張紙模式）。這個方式是規定要討論的每一項議案只能使用一張投影片呈現，且開會時禁止列印資料，必須顯示在螢幕上討論；每一位董事都會配發一台平板電腦，可以利用觸控的方式放大資料。

雖然字型大小為十八級以上，但因為是A3尺寸，所以一張資料裡面還是可以排滿文字，再藉由翻頁這個動作避免注意力渙散（不集中）以集中精神在討論上。每一項都會按照說明順序編上數字，因此也省下了尋找講者說到哪裡的時間。

統一格式（版面編排）有兩大優點。首先，使用董事等閱覽方看習慣的格式對他們來說比較容易閱讀及理解，他們也能夠與其他資料對照比較某一份資料是否經過仔細思考後製作、製作者對本企劃有多少熱情。而最大的優點則是可以減少製作者的作業負擔，只要公司決定好格式，就不需要在事前說明時依照課長或部長的指示重新排版，能大幅減少作業時間。實際上引進一張紙模式的十六間公司，董事會議的準備時間減少了百分之十八。

其中還有意料之外的成果，就是更容易作成結論。過去在閱讀大量資料時就已經耗費了與會者精力，造成許多會議的討論無法導向決策，但在引進一張紙模式後，討論的時間多了約百分之二十，「未決」的議案也跟著減少了百分之二十五。

這個方法不再將時間花費在用不到的資料上，強迫改變個人喜好的資料製作方式以消除作業負擔，並且更容易達成目的。是個不但減少作業時間的「量」，也因為留下更多成果而提升了「質」的好例子。

為了實現無紙化，需要改變董事會議及個人置物櫃

如果想要認真推動無紙化，就請禁止董事會議列印資料。過去不停出現只在銷售部門或是總務部門……等特定部門挑戰無紙化，但最後卻是董事出面阻止的案例。雖然有一些憑證正本、報價單等固定文件，或是為配合顧客狀況而無法無紙化的資料，但是公司內部寄發的文件還是可以做到無紙化，例如不要印出為了董事會議準備的資料，而是與董事共享資料夾，讓他們可以從電腦、平板閱讀或縮放資料。這件事成本不高，只需要配發 iPad 就可以做到。如果不改變身為各部門領導者的董事的想法與行為，就無法真正落實無紙化。

如果留下替代方案，就會難以挑戰新的事物，即使大腦知道要無紙化，可是一旦眼前有印表機，就還是忍不住想印出資料。

因此，為了讓員工出現不想要帶印刷物回辦公室的想法，請限縮個人存

放物品的書櫃，也就是個人置物櫃或書架的空間。藉由縮小存放空間，意即減少保存紙張的機會，以強制禁止公司內部會議使用紙張。

管理職應該推行的縮短時間政策

經營者

企業最高層主管的發言不論對外或對內都有影響力，因此要慎加注意。

對有些員工來說，光是最高層主管在辦公大樓和他打招呼就感到開心無比。最高層的言行舉止對員工非常具有影響力，因此**一定要避免隨意的一句話澆熄員工的熱情**。經營階層由上而下的領導方式在過往的階層型組織中很受用，因此從頭到尾都只有「單向傳達」，但現在需要的是「雙向接收」。這是因為光靠由上而下的指令就能驅動員工的時代已經結束了，必須創造能讓員工自己停下來思考、自發性改變行動的環境。為了要大幅改變幾十年來做著重複事情的工作方式，不能光靠這種由上而下的指令，還必須由下而上讓行動持續發生。

另外也需要改善董事會議。請停止不做決策的會議，也就是所有人都是評論家的會議，這種事無法由董事或基層人員開口，因此請你鼓起勇氣停止；而決定公司方向及重要議案的會議則請你出面主導，如果沒有配置會議引導者，就請你創造具建設性的會議氣氛，遇到只會抱怨的董事則請指導他。

開會的日期和時間也值得重新考慮。在調查五百二十八間企業之後，有三分之一的經營階層會議於星期一早上召開，為了在這個時間開會，下屬就需要在星期六、日做最後的準備。而在工作動力方面也有問題，能夠從星期一就全力以赴的公司我想還不是很多。工作方式改革成功的企業在PDCA（Plan 計畫、Do 執行、Check 回顧、Action 改善）中會盡量減少花費於P的時間，讓第一線人員完成D之後，再於董事會議進行大型案例的C與做決策。為了能夠更快速進入到改善，我建議在週間的星期三或星期四早上召開。

另外為了在公司內落實無紙化，首先請禁止董事會議使用紙張。利用投影機放大畫面進行討論，視線比較容易集中在發表者身上，講者和聽者之間便會產生對話，更容易交換具有建設性的意見。如果手邊需要資料，就配發平板電腦給董事，讓他們可以簡單地放大顯示。少紙化可以減少基層員工的準備時間，達到縮短時間的效果。

再來是增加與基層的接觸。巡視員工辦公室可以提升第一線的士氣，我特別推薦的是在午餐時間，不要在社長室一邊工作一邊吃飯，而是定期到員工餐廳或公共空間露露臉，輕鬆地與員工話家常。與公司的最高層直接談話可以刺激員工獲得肯定的欲望，甚至有可能成為他們一輩子的財產。

我的ＩＴ企業客戶有許多員工是離開所屬公司，派駐在顧客的公司裡工作，因此疏離感很深，工作價值感便降低了，因此會長與社長每個月會到現場和員工一同午餐兩次。和晚上的餐會相比，氣氛比較輕鬆且一個小時就結束了，因此可以精簡地傳達公司的方向，直接聽取第一線員工直率的回饋，面對面談話也能刺激安全欲（在公司工作的安全感）。這種午餐會議的參與者滿意度達百分之九十，午餐後產生「我也來挑戰個什麼事情吧」的行動念頭的員工超過百分之七十，看得到成果出現，這就是由經營者自己改變行動的實例。

董事

請做出決策，說得更白一點，就是對第一線進行到一半的計畫下達Go「前進」或是No Go「停止」的判斷。董事會議不是讓基層進行報告的場合，而是做出決策的地方，請貫徹執行停止要求員工做無用的資料，下達重要議案的決策，以及鼓勵基層的與會者，提高他們的工作動力。新的想法總是伴隨著缺點，只要優點大於缺點就應該Go，不要否定基層的意見，先接納他們的想法，之後再替他們追加提案。請將說話方式從No, because……（這樣不對，因為……）改成Yes, and……（你說得沒錯，那就再……）。

如果什麼都是「No Go（停止）」便不會產生任何東西，假如要堅持No

Go的話請至少提出你的建議，如果只是對下屬的想法**評斷「好或不好」，那就不需要董事這個職位了**，畢竟董事並不是評論家。

部長、課長

想要提升結果的質，或是產生結果的行動的質，請強化與下屬之間的關係，透過一起回顧反省提高思考的質。不分青紅皂白責備結果的話，下屬會逐漸採取保守的思考及行動，這樣結果（成果）不會有所改變。請試著增加對話提高下屬的工作動力，從中找出某些共同點，以建構彼此的關係。就算是聊天也好，創造可以輕鬆對話的機會和氣氛，讓下屬的工作動力在對話之後能夠處於高漲狀態。

這種與下屬的交流應該以個別對話的方式進行，以聚焦在個人身上，因此請採取**一對一（1 on 1）的形式**。我想會有人說「我才沒有這種美國時間」，但這種 1 on 1 對話可以帶來以下好處：

- 提升對於評鑑的接受度
- 減少無預警離職
- 減少心理出狀況的員工
- 減少隱匿事項
- 可以發現培育下屬的機會
- 可以獲得給自己的意見回饋

本公司的客戶也在努力落實 1 on 1 對話。相較起來，提高這種交流頻率的團隊在短時間內可以留下更大的成果，許多案例顯示，落實 1 on 1 對話之後，下屬的滿意度比上司還要高。

我想有一些管理職的職掌範圍廣、下屬也多，但請在第一線的組長、主審查員、計畫主持人或資深員工的協助下，增加 1 on 1 對話的機會，以了解基層的狀況及問題，為組織整體的最佳化盡一份心力。

專欄

推動我前進的十句話

1. 目的會帶領你前往終點

這是出自我尊敬的前上司的一句話。創業不能成為目的，必須明確釐清自己想實現什麼樣的公司，將目的訂在實現該想法，你的行動自然就會更接近終點，意即如果目的不明確就抵達不了終點。我從中學到，想登上富士山頂，就必須有意識地想著這件事，不可能散散步就走到山頂上。這句話教會了我不能搞錯目的與手段，目的要盡可能數值化。

2. 只要確實做好正確的事

有時候我們很容易放棄持續面對困難的挑戰。在開始新的事物時一定會產生缺點，一旦認同缺點的聲量比較大，我們的信念就容易受到動搖。我還在微軟任職時，曾經接二連三遇到問題，而感到自己快不行了；也曾經在應對客戶時，覺得自己會不會做得太過火，當時的社長樋口先生告訴我：「只要鼓起勇氣確實做好正確的事就可以了！」這句話成為我人生的一大轉捩點。不是去聽外界的雜音，而是允許我貫徹自己的信念、做正確的事，讓我感受到環境以及心理上的安全感。如果上司願意這麼鼓勵下屬，下屬就可以嘗試新的挑戰，也能夠意識到「客戶才是支撐公司事業的人」這種理所當然的事。

3. 你是做什麼的？

在我第二次創業後不久，就有許多支持我的委託上門，幸運的是，許多經營者在我的演講結束後來向我打招呼，經過個別訪問之後我們談到了往後的合作。那時候，某間上市公司的社長說的就是這句話。我只是單純做著眼前能做的事，但對於不太認識我的人，以及還未建立起信賴關係的人而言，他們不清楚我是在做什麼的，不僅如此，我介紹自己的職業時不是使用顧問，而是日本還沒什麼人聽過的資源整合者，從外人的角度來看，似乎難以理解這是從事什麼工作的人，又能提供什麼樣的價值。這件事成為我認真以「我自己股份有限公司」發展自我品牌的契機，我理解到自己提供的價值必須以言語表現，而來自他人的評價更會帶來其他新的客戶。發現這件事之後，我開始對外明確介紹提供給現有客戶的服務實績，於是接到了更多的委託，以結果而言，提升了我自己以及公司的時薪。

4. 知道活著有多令人感激

我在媽媽肚子裡時是異卵雙胞胎的其中之一，但是另一個胎兒還在媽媽肚子裡時就不幸流產了，之後我驚險地來到這個世上，因此自幼體弱多病，不但有氣喘，還受異位性皮膚炎所苦惱。在這樣的生活中，這幾年父母又罹患重病，我和哥哥一起支持著雙親，讓我重新感受到了家人間的羈絆。就在父母結束重大手術，出院回到家生活時，他們說了這句話。我的個性嚴肅又容易勉強自己，也曾經罹患精神疾病和頸椎疾病，在第二次創業時也充滿了幹勁，想要挑戰各種事物，因此有一段時間非常拚命，這時候近距離看到家人生病又康復，讓我重新認知到能夠長久幸福地活著才是最優先事項。在那之後，我開始努力固定週休三日，每天睡飽七個小時以上，注意不安排不合理的行程以及接下過多工作。

5. 受你的行動吸引而加入

本公司 Cross River 沒有正式員工，所有人都是以業務委託的方式加入。為了結合各種異質人士，我刻意找來擁有各種經歷與經驗的人，請公司經營者、僧侶、自由業者、學生等參加各種計畫。我都是透過 bosyu、Facebook 或 Twitter 招募成員，其中有一位年長的男性在參加動機中寫下了這句話，比起我的願景或提供的內容，他對想要實現這些願景的我本人更加感興趣。這讓我深深感到，想要集合優秀的成員，光有良好的待遇或報酬是不夠的，他人還會因為受到一起共事的夥伴其人格或正義感影響而聚集到身邊。

6. ＩＴ不會改變工作模式

這是雪梨的指導師告訴我的話。因為我來自科技業，我的主張似乎總是傳達出一種要使用科技來改變工作方式的言下之意，各種媒體也充斥著「ＡＩ會取代人類的工作」、「活用科技改變工作方式」的訊息。但是科技或ＩＴ並無法改變工作方式，而是改變工作方式時科技能夠成為助力。不僅是ＩＴ，過去也已經發生了許多技術創新，那位導師教會我，我們該投注心力的不是如何熟練地使用科技，而是敏銳地感受世界的變化，並且應對該變化，這才是生存戰術。

7. 急性子的缺點

設立每週只能工作三十個小時的公司常規，並且自己也確實遵守之後，我的工作行程便很容易落得分秒必爭，像是在前往下一個地點的計程車上吃午餐，或是在車上編輯資料，為了在有限的時間中做更多的事，精神總是很緊繃。這樣的結果是，匆匆忙忙這件事本身變成我的安心符，行動的品質卻降低了。某次偶然在工作場合遇到的前下屬告訴我「急促焦躁的樣子會散發一種讓身邊的人難以表達意見的氛圍，有時候很難給予回饋」，看來我重視速度，急著讓事情不斷前進的個性，有時會帶來了不好的影響。如果沒有來自周遭的意見回饋，我就不能客觀地看待我自己，因此我認知到必須改變這樣的氛圍。急促又焦躁地工作經常產生許多失誤，結果反而要花更多時間。不論是以情緒驅動他人，或是無法控制情緒結果犯下失誤，最終都會導致效率和效果皆降低，因此為了控制自律神經，我謹記著早上要慢慢深呼吸來放鬆，心情平穩地展開一整天的生活。

8. 從失敗中學習

這是我尊敬的創投公司創辦人給我的一句話。曾在大型公司工作的我，經常不自覺地害怕失敗。的確，在過去的時代，想要走上企業內的升官之路，不失敗會帶來比同期者早一步出人頭地的結果。我認為過去能夠實際在兩千名同期進入日本大型通訊公司的社會新鮮人之中最早出人頭地的，是屬於對公司忠誠，且在避免失敗的同時，只遵照上級指示做事的人。只不過時代變遷，顧客的消費行為也跟著改變，大家的理解也逐漸轉變為「避免失敗可說是一種風險」。不擅長靜止不動的我，深信自己擅長的是積極出擊，找來更多的人一起解決複雜的課題，不過對於只有創投經驗的人來說，我似乎還是太保守了。我學到為了成功就要積極地失敗，這和之後的巨大成功息息相關，並養成了不讓失敗結束在失敗，而是將其中的反省運用到下一次行動的習慣。

只要有了失敗帶來後面成功的實際經驗，就不會再害怕失敗，心態甚至會因此轉變為「若能藉由失敗釐清課題就太幸運了」。

9. 將精神投注在最重要的「百分之一」上

我會將週休三日的其中一天用於休養生息與培育素養，每週必定看超過七本書，因為這個習慣，在近五年影響我最大的是《Essentialism》這本書。無論什麼事，只要將精神集中在其中的百分之一，就能做出巨大的成果，我學到了一項法則：只要有勇氣捨棄這百分之一以外的部分，就能全神貫注在最重要的百分之一上，產出更大的成果。看到這句話之後，我開始產生「決定不再做某件事的勇氣」，了解若利大於弊就應該去做，也學到評估是否發起某個行動的基準在於衝擊性，以及實現的可能性這兩項。

10. 享受痛苦，人生就活得下去

這個世界上我最尊敬的職業類型是搞笑藝人，因為他們為了達到無論在什麼情況之下，都要讓對方感到開心的目的，能夠細緻地運用常人無法模仿的高度溝通技巧，讓對方如己所願地笑出來。另外，即使是談話性節目，他們也很擅長判斷瞬間的狀況及將話題還給對方，有許多值得學習之處。其中，我從明石家秋刀魚先生身上學到了很多，不僅從小看搞笑節目獲得許多樂趣，出社會之後我也多次為秋刀魚先生的生活方式及信念感到傾心。我曾數次遇到任職的公司破產、被併購，或是我被公司裁員、罹患精神疾病等困境，但好幾次又被搞笑藝人創造的「笑料」救贖，也因為對明石家秋刀魚先生很感興趣，在搜尋了各種資料之後，知道他也曾經有過非常辛苦的過去而受到衝擊。我是偶然在電視節目上聽到這樣的秋刀魚先生說了這句話，感動到簡直要流下眼淚。他讓我理解了人生雖然會遭受各式各樣的苦難襲擊，但只要正向看待，享受克服苦難的過程，就能活出一切事物都很有趣的人生。這樣的想法為我的行為帶來很大的影響，我希望自己也能成為可以向現在公司的夥伴及媒體說出同樣一句話的人。

結語

獻給本書的相關人員

市面上關於工作方式改革的書籍多如牛毛，我們不停討論什麼樣的內容才能夠打中讀者內心，經過多次討論後，決定為了在第一線掙扎的商務人士而寫，並同時關照身在其中的第一線領導者。而後半部分整理了提供給經營階層的建言，這是因為我在書寫第一線能做哪些事、第一線領導者應注意哪些事的過程中，認為想實現這些事，就需要經營階層的理解與變革。本書從企劃階段就受到日經商業出版社的坂卷正伸先生諸多支持，也和日經商業出版社行銷部的小谷佳央小姐及今井匡先生一起商量該怎麼推廣給更多讀者，真的非常感謝他們。

另外我要誠摯感謝協助校閱本書原稿與進行調查的 Cross River 股份有限公司的夥伴，以及 CASTER 股份有限公司的每一位線上秘書，這是和大家共同創作的作品。

最後要感謝我的客戶，他們是我提筆撰寫本書的契機，能夠實現這麼大規模的實驗，都要歸功於大家的熱忱，希望大家的想法能夠藉由好的形式傳達給更多讀者。

對於能夠透過與尊敬的祖父及父親淵源甚深的日經集團出版拙作，我感到這是某種緣分，如能繼承兩人的思想，對日本及世界經濟發展盡一份心，便是我的榮幸。

二〇一九年八月　越川慎司

國家圖書館出版品預行編目資料

我要準時下班！終結瞎忙的「超・時短術」／越川慎司作；林佩玟譯. -- 初版. -- 臺北市：平安文化，2021.01　面；　公分. --（平安叢書；第671種）（邁向成功；82）
譯自：仕事の「ムダ」が必ずなくなる超・時短術
ISBN 978-957-9314-87-9（平裝）

1. 工作效率 2. 時間管理 3. 職場成功法

494.01　　109019635

平安叢書第671種
邁向成功叢書 82

我要準時下班！終結瞎忙的「超・時短術」

仕事の「ムダ」が必ずなくなる超・時短術

SHIGOTONO MUDA GA KANARAZU NAKUNARU CHO JITANJUTSU written by Shinji Koshikawa
Copyright © 2019 by Shinji Koshikawa. All rights reserved.
Originally published in Japan by Nikkei Business Publications, Inc.
Traditional Chinese translation rights arranged with Nikkei Business Publications, Inc. through Bardon-Chinese Media Agency

作　　者—越川慎司
譯　　者—林佩玟
發 行 人—平雲
出版發行—平安文化有限公司
台北市敦化北路120巷50號
電話◎02-27168888
郵撥帳號◎18420815號
皇冠出版社（香港）有限公司
香港銅鑼灣道180號百樂商業中心
19字樓1903室
電話◎2529-1778　傳真◎2527-0904
總 編 輯—龔橞甄
責任編輯—黃雅群
美術設計—柳佳璋
著作完成日期—2019年
初版一刷日期—2021年01月

法律顧問—王惠光律師
有著作權・翻印必究
如有破損或裝訂錯誤，請寄回本社更換
讀者服務傳真專線◎02-27150507
電腦編號◎368082
ISBN◎978-957-9314-87-9
Printed in Taiwan
本書定價◎新台幣320元／港幣107元

● 皇冠讀樂網：www.crown.com.tw
● 皇冠 Facebook：www.facebook.com/crownbook
● 皇冠 Instagram：www.instagram.com/crownbook1954
● 小王子的編輯夢：crownbook.pixnet.net/blog